Decarbonized Society Regional Innovation

脱炭素社会の地域イノベーション

地産地消型再エネ機器による地域再生

編著 北嶋 守　髙橋 美樹

著 兼村 智也　近藤 信一　山本 匡毅

同友館

はしがき

今日、地球規模の気候変動対策の必要性が高まる中、日本でも2012年にFIT制度（固定価格買取制度）が導入されたことを契機に、太陽光発電や陸上風力発電の普及が増加した。また、2020年10月26日の「カーボンニュートラル宣言」を踏まえて、2021年10月22日にはパリ協定に基づいて長期戦略が閣議決定され、わが国政府は「脱炭素社会の実現」を掲げた上で、2050年カーボンニュートラルという目標の実現を目指すことを表明した。さらに、同時期には「洋上風力産業ビジョン（第1次）」も策定され、現在、各地で洋上風力発電に係る様々な事業が展開されている。

しかしながら、洋上風力発電は大規模な主力電源を目指す再エネ分野の一種であり、その利活用には海底ケーブルをはじめとする大規模な送電網の整備など超長期的な取り組みが必要とされる。一方、小水力発電、バイオマス発電・熱利用及び地熱発電・熱利用は、再エネ分野の中で地産地消型、マイクログリッド（小規模電力網）型と呼ばれている。

このマイクログリッドは、既存の大規模発電所や送配電システムに頼らず、エネルギー供給源と消費施設を一定の範囲内にまとめて、エネルギーを地産地消する仕組みのことであり、既にドイツをはじめとする欧州各国で取り組みが進んでいるエネルギー自治――国に頼らず、地方自治体や市民自身が自立したエネルギー体制を確立しようとすること――の考え方と深く関係している。

世界的に見て21世紀という時代は、洋上風力、火力、原子力等の大規模集中型電源と地産地消型の分散型電源が併存するエネルギー政策への大転換期とみなすことができるが、その中で、分散型電源の普及は同時にエネルギー自治の考え方をベースにした地域ビジネスという新たな地域産業政策をも意味することになる。特に超高齢社会・人口減少社会にあるわが国の各地方自治体では、これまでとは異なる地域産業ビジョンの構築が不可欠になってきていると言えよう。

そこで、本書では、再エネ分野の中から、特に小水力発電、バイオマス発電・熱利用、地熱発電・熱利用といった地産地消型再エネ機器に焦点を当て、国内各地の先進的な取り組み事例を紹介しながら、地域のエネルギー問題と地域産業の活性化について論じている。さらには、当該分野への中小製造業の参入状況などのアンケート分析も踏まえて、地産地消型再エネ機器による地域イノベーションの可能性と課題について検討している。

本書が、地域産業政策を担当している方々、エネルギー自治の視点で活動している企業・団体の方々、さらに各地域の中小製造業やベンチャー企業の方々に対して、エネルギー自治と地域産業を連動させるためのヒントを提供することができれば幸甚である。

なお、本書を執筆するにあたり、取材にご協力頂いた各地域の企業、団体並びに自治体関係者の方々に心から御礼を申し上げるとともに、本書の出版にあたりご尽力頂いた同友館出版部の佐藤文彦部長に感謝するしだいである。

執筆者代表

北嶋　守

髙橋美樹

目　次

序章

本書の目的とパースペクティブ

概　要

世界的な気候変動対策の必要性が高まる中、脱炭素社会は日本国内の地域産業にどのような影響を与えるのか、ゼロカーボンシティではどのような取り組みが行われているのか、再生可能エネルギーの中でも特に「エネルギー自治」の手段として期待される地産地消型再エネ分野にはどのような種類があり、また中小企業を含む地域産業としてどのような可能性を内包しているのか、こうした問題意識に基づいて、本書の研究はスタートしている。そこで、序章では、本書のベースとなった調査研究報告書を紹介しながら、本書の目的、パースペクティブ、構成及びキーワードについて概説する。

0.1　背景

2020年10月下旬、菅総理（当時）の下、総理大臣官邸で第42回地球温暖化対策推進本部が開催され、2050年カーボンニュートラルに向けた取り組みに関する議論が行われた。その結果、「地球温暖化対策計画」、「エネルギー基本計画」、「パリ協定に基づく長期戦略」の見直しを加速することが確認され、日本政府は「グリーン社会の実現」を掲げた上で、2050年までの温室効果ガスの排出量を全体としてゼロにし、脱炭素社会の実現を目指すことを表明した。

この日本政府の取り組みは世界的な気候変動対策の一環であると同時に、脱炭素社会における新たな産業創出を指向するものであることから、脱炭素社会への移行は、地域社会やそこで活動している中小製造業に対して大きな影響を及ぼすことになる。

そこで、機械振興協会経済研究所では、100年に一度と言われるグレートリセットの時代を見据えて、2021年度より地域産業政策や中小製造業を研究している有識者によって構成される「脱炭素社会に向けた産業集積の再構築に関する調査研究委員会」を所内に設置し、脱炭素社会の実現に向けて取り組んでいる先進地域の動向や中小製造業の再生可能エネルギー機器への参入状況等に関する実態調査を実施し、脱炭素社会における地域産業の再活性化策について検討を重ねてきた。

本書は、基本的にはその成果である2つの調査研究報告書、すなわち、『脱炭素社会に向けた国内産業集積の発展戦略―再生可能エネルギー分野への中小製造業の参入状況を中心に―』（2022年年3月）及び『脱炭素社会における地域産業の再構築―先進地域及び中小企業等の取り組みに基づいて―』（2023年3月）をベースにしつつ、執筆担当者間でさらなる調査及び検討を重ね、特に地産地消型再エネ分野に焦点を当て、地域産業や中小製造業との関わりついてより深い考察を加えて、編集し直したものである。

なお、既存報告書の概要については、次のとおりである。

機械振興協会経済研究所編報告書 No.：21-1　発行年月：令和4年3月
『脱炭素社会に向けた国内産業集積の発展戦略―再生可能エネルギー分野への中小製造業の参入状況を中心に―』
目次：
序章　調査研究の目的とパースペクティブ
第1章　再生可能エネルギー分野の概要
第2章　実態調査：再生可能エネルギー分野への中小製造業の参入状況
第3章　脱炭素社会に向けた産業集積の再活性化に関する多角的検討
第4章　再生可能エネルギーによる産業集積の再活性化策
終章　本調査報告の論点整理
資料編　アンケート調査票

概要：
本調査研究では、①文献調査に基づく再エネ、特に洋上風力発電、バイオマス発電、小水力発電、地熱発電のポテンシャル及び各分野の動向、②脱炭素社会に向けた中小企業の新事業展開、以上の２つの視点に基づいて調査・分析を行い、再エネ分野を軸にした産業集積の再活性化の条件を提示している。

機械振興協会経済研究所編報告書 No.：22-1-1　発行年月：令和５年３月
『脱炭素社会における地域産業の再構築―先進地域及び中小企業等の取り組みに基づいて―』
目次：
序章　調査研究の目的と方法
第１章　脱炭素社会に向けた先進地域の取り組み
第２章　中小企業等の再エネへの取り組みについて
第３章　中小製造業の脱炭素市場への対応状況に関する分析
第４章　脱炭素社会に向けた地域産業の再構築に関する多角的考察
資料編　アンケート調査票
概要：
本調査研究では、①脱炭素社会に対応した先進地域の取り組み状況、②中小企業等による分散電源型（地産地消型）再エネ機器の開発・普及への取り組み状況、③中小企業における脱炭素社会への対応状況、以上の３つの視点に基づいて調査・分析を行い、脱炭素社会における地産地消型再エネ機器の可能性について言及している。

0.2　目的

既述したように、本書の主たる目的は、脱炭素社会の実現に向けて取り組んでいる先進地域の動向や中小製造業の再生可能エネルギー機器への参入状況などから、脱炭素社会における地域産業の再活性化策を提示することにある。そして、脱炭素社会への移行期の中で地域産業政策や中小企業政策に携わっている方々や地域産業を支えている企業の方々にとって、また、地域政策や中小企業政策に興味のある学生諸君にとって、脱炭素社会の実現と地域産業との関係を考えてもらうヒントを提供することが本書の狙いである。

0.3　パースペクティブ

本書では、図0.1に示すようなパースペクティブを設定している。このパースペクティブは、以下の２つの視点から構成されている。すなわち、１つ目は、脱炭素社会の実現について、地域社会における取り組みから捉えるものであり、ゼロカーボンシティ宣言を行っている自治体内における多様な活動体の取

図表 0.1　本書のパースペクティブ

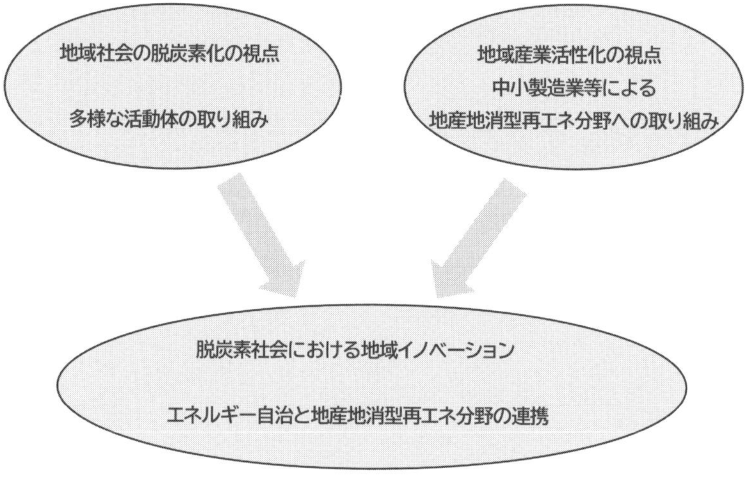

出所：筆者作成。

り組みに焦点を当てている。2つ目は、中小製造業等による地産地消型再エネ分野への取り組みや中小製造業自身の脱炭素経営に関するものであり、脱炭素社会における地域産業の活性化に焦点を当てている。そして、最終的に本書では、脱炭素社会における地域イノベーションの在り方について、エネルギー自治と地産地消型再エネ分野の連携といった観点から多角的な考察を行っている。

0.4　構成

上記のようなパースペクティブに基づき、本書（序章を除く）は5つの章から構成されている。その概要を示すと以下のようになる。

まず、第1章「脱炭素社会の衝撃と地産地消型再エネ分野」では、はじめに、脱炭素社会への移行がどのような意味を持っているのかについて、かつて日本でも試みられた「脱炭素社会への挑戦」を振り返りつつ、その後の経済学や経営学における新たな動きを概観している。次に、気候変動や地球環境問題といった非常にマクロな課題への対応について、人間の視野の「多次元性」という観点から考察し、非常にマクロな問題と我々個人を繋ぐ媒体として「中間集団」である地域社会の重要性について取り上げている。その上で、後半では、21世紀のエネルギーシステムは集中型と分散型の共存の時代であるといった認識に基づいて、エネルギー自治との親和性の高い小水力発電、バイオマス熱利用（バイオマスボイラー）及び地熱発電といった地産地消型再エネ分野の状況と今後の可能性について説明している。

第2章「ゼロカーボンシティ先進地域と活動体」では、はじめに、全国的な展開を見せているゼロカーボンシティが増加するきっかけとなった「カーボンニュートラル宣言」に至る経緯について説明している。次に、ゼロカーボンシティ宣言自治体の中でも先進地域として注目されている長野県飯田市及び福岡県みやま市において脱炭素社会の実現に向けた具体的な取り組みの推進機関となっている「活動体」について概説している。そして、後半では、各事例について、社会ネットワーク論及び経営戦略論の視点から考察を試みている。

第3章「地産地消型再エネ機器への挑戦」では、地産地消型再エネ機器の普及に向けて具体的な活動を行っている企業等の事例として、はじめに、小水力発電事業に参入している中小製造業や小水力発電機の開発を目指す秋田県のベンチャー企業の取り組み、次に、山形県真室川町の製材所におけるバイオマスボイラーを活用した地域経済循環への取り組みやバイオマスボイラーの普及のための地域アライアンスの仕組みについて各々考察し、最後に、秋田県湯沢市の地熱発電の活用状況について考察している。

第４章「中小製造業の脱炭素市場への対応状況」では、機械振興協会経済研究所が国内の中小製造業を対象に実施したアンケート調査結果に基づいて、第一に、中小製造業の再エネ分野への参入状況、第二に、中小製造業の新エネ市場等への参入状況、第三に、中小製造業の脱炭素経営への取り組み状況、以上の３つの動向に関する分析結果について概説した上で、最後に、中小製造業と脱炭素社会の関係について考察している。

最終章となる第５章「脱炭素社会における地域イノベーションに向けて」では、はじめに、エネルギー自治として地産地消型再エネ機器の積極的な活用を実現している欧州モデルを日本に導入した場合の限界性を指摘した上で、地域産業創造を成功させるポイントについて、イノベーション・エコシステムとコレクティブ・インパクトの概念を用いて考察している。次に、本書で取り上げた地産地消型再エネ機器の特徴と中小製造業の参入状況について振り返り、最後に、脱炭素社会における地域イノベーションに向けた今後の展望を示し、本書のむすびとしている。

0.5　キーワード

本書には、①イノベーション・エコシステム、②活動体、③コレクティブ・インパクト、④産業クラスター、⑤CSV（共通価値創出）、⑥ゼロカーボンシティ先進地域、⑦ソーシャル・キャピタル、⑧地域アライアンス、⑨地域イノベーション、⑩地産地消型再エネ機器、といった10個のキーワードが登場する。そこで、各キーワードについて概説すると次のようになる。

〈本書に登場する10個のキーワード〉

①　イノベーション・エコシステム

イノベーション・エコシステムとは、イノベーションを生み出す産業生態系であり、多様な組織が協働することで新たな付加価値を創出し、イノベーションを生み出すシステムのことである。本書におけるイノベーション・エコシステムとは、サプライヤー、中核的な企業（focal firm、以下、焦点企業）、補完資産・技術・活動等の供給者（complementor、以下、補完者）という参加者（総称する場合はパートナーという）によって構成されているシステムを意味する。なお、サプライヤーと補完者との違いは、焦点企業からみてバリュー・チェインの下流に位置する（補完者）か、上流に位置する（サプライヤー）かによる。

②　活動体

活動体とは、地域イノベーションを促進する集団や組織を意味する。本書における活動体とは、再エネ機器を活用したゼロカーボンシティの形成に取り組んでいる多様な組織を意味している。具体的には、自治体、自治体出資の地域電力会社、再エネ機器に取り組む中小製造業のほか、コーディネーター企業、アグリゲーター企業、大学や高専、中小企業支援機関、地域金融機関、NPOなど脱炭素社会に取り組む多種多様な組織を指している。

③　コレクティブ・インパクト

コレクティブ・インパクトとは、「多様なセクターの重要な主体が集団として、共通の計画に対して行うコミットメントであって、特定の社会課題を解決するためのもの」と定義される。そして、その実現には、①「共通のアジェンダ」、②「共有された評価システム」、③「相互に強化されるような活動」、④「継続的なコミュニケーション」、⑤「専門の“バックボーン”支援」、以上の5つの要素が必要とされる。本書では、この概念を脱炭素社会において地域イノベーションを実現するための重要な概念とみなしている。

④　産業クラスター

産業クラスターとは、企業、大学、研究機関、自治体などが地理的に集積し、相互の連携と競争を通じて新たな付加価値（イノベーション）を創出する状態を意味する。本書では、地域イノベーションの推進方法という観点からこの概念を地域アライアンスとの関係で使用している。

⑤　CSV（共通価値創出）

一般に、CSV（共通価値創出）とは、「企業が事業活動を行うコミュニティ（地域）において、経済的（制約）条件と社会的（制約）条件を同時に改善しながら、企業の競争力を強化するような方針と実践」と定義される。換言すると、CSV（共通価値創出）とは、経済価値創出に取り組みながら、同時に、社会的ニーズ充足や社会的課題解決といった社会的価値創出を含む概念であり、本書では、脱炭素社会の中で企業が行動する上で重要となる概念として捉えている。

⑥　ゼロカーボンシティ先進地域

環境省では地球温暖化対策の推進の一環から、都道府県及び市町村はその区域の自然的社会的条件に応じて温室効果ガスの排出削減等のための総合的かつ計画的な施策を策定し実行することを提唱しており、近年、2050年二酸化炭素実質排出量ゼロに取り組むとする「ゼロカーボンシティ」を宣言する自治体が急増して来ている。そこで、本書では、その中でも特に比較的早い段階から具体的な取り組みを始めてきた地域を「ゼロカーボンシティ先進地域」と呼んでいる。

⑦　ソーシャル・キャピタル

ソーシャル・キャピタル（社会関係資本）は、信頼性、互酬性及びネットワーク性の３つの要素から構成される概念である。本書では、各市町村が地産地消型再エネ機器を活用してエネルギー自治を実現する上で、このソーシャル・キャピタルは基盤的役割を果たす概念であるとみなしている。

⑧　地域アライアンス

地域アライアンスとは、地産地消型再エネ機器を採算性に見合った形で普及・活用させるための複数の組織から成る連合体を意味する。具体的には、小水力発電やバイオマスボイラー等の効率的な活用を促すための複数の活動体の連携によって形成される連合体であり、その組織構成は地域によって様々である。

⑨　地域イノベーション

地域イノベーションとは、地域の課題を解決し、地域の再活性化を促すような新たな価値を創造するためのイノベーションを意味する。本書では、脱炭素社会における地域イノベーションは、多様な活動体や地域アライアンスによって実現されるものであると仮定している。

⑩　地産地消型再エネ機器

地産地消型再エネ機器とは、再エネ機器の中でも地域の電力やエネルギー、すなわち、エネルギー自治と深く関わる再エネ機器を意味している。具体的には、小水力発電機器、バイオマス発電機機器及びバイオマスボイラー、地熱発電機器等のマイクログリッドのことである。本書では、特に、小水力発電機器、バイオマスボイラー（熱エネルギー利用機器）、地熱発電機器に焦点を当てている。

第1章

脱炭素社会の衝撃と地産地消型再エネ分野

概　要

本章では、はじめに、脱炭素社会への移行がどのような意味を持っているのかについて、かつて日本でも試みられた「脱炭素社会への挑戦」を振り返りつつ、その後の経済学や経営学における新たな動きを概観する。次に、気候変動や地球環境問題といった非常にマクロな課題への対応について、人間の視野の「多次元性」という観点から考察し、非常にマクロな課題と我々個人を繋ぐ媒体として「中間集団」である地域社会の重要性について取り上げる。その上で、後半では、21世紀のエネルギーシステムは集中型と分散型の共存の時代であるといった認識に基づいて、エネルギー自治との親和性という観点から、本書で対象としている小水力発電、バイオマス熱利用（バイオマスボイラー）及び地熱発電といった地産地消型再エネ分野の状況と今後の可能性について概説する。

1.1　脱炭素社会の衝撃

(1)　以前にもあった日本の脱炭素社会への挑戦

2020年10月26日、第203回臨時国会の所信表明演説において菅義偉内閣総理大臣（当時）が、「2050年までに温室効果ガスの排出を全体としてゼロにする、所謂、2050年カーボンニュートラル、脱炭素社会の実現を目指す」とする宣言をしたことを受けて、政府は2020年10月から国の中長期的なエネルギー政策の方針である「エネルギー基本計画」の見直しを開始し、2021年6月には中長期のエネルギー政策の指針となる次期基本計画案を決定した。その結果、菅義偉首相（当時）が表明した2030年度の温室効果ガスを2001年度比で46%削減する新目標の実現に向けて、電源構成に占める再生可能エネルギーの比率をどこまで引き上げられるかが焦点となってきており、洋上風力発電をはじめとする再生可能エネルギーの主力電源化への期待が俄かに高まってきている。

しかしながら、日本の脱炭素社会への挑戦は、今回が初めてではない。最初の挑戦は1974年まで遡ることができる。当時、日本では「サンシャイン計画」が動き始めていた。これは1973年の第1次石油危機後、エネルギー危機への対処、無公害社会の建設を目指して、当時の通産省が打ち出した太陽、地熱、石炭、水素等の新エネルギー技術開発計画であった。さらに1978年には、「サンシャイン計画」に関連して、省エネルギー技術の開発を目的とする「ムーンライト計画」が発足している。これら一連の取り組みの背景には何があったのか、それは国内の公害問題の深刻化や二度にわたる石油危機という非常に身近な危機感に惹起されたものであったと思われるが、当時、世界を驚かせたローマクラブによるレポート『成長の限界』の影響も大きかったものと考えられる。

『成長の限界』は、ローマクラブがマサチューセッツ工科大学のデニス・メドウズ博士を主査とする国際チームに委託して、システムダイナミクスの手法を使用してとりまとめられた研究で1972年に発表され、「人口増加や環境汚染などの現在の傾向が続けば、100年以内に地球上の成長は限界に達する」と警鐘を鳴らした。このレポートは13か国語に翻訳され世界的ベストセラーとなった。だが、このレポートの真価は単なる世界モデルによる予測結果の表示に留まらず「持続可能な社会」への処方箋を提示している点にある。メドウズ博士はその後も『成長の限界』の検証に取り組み、1992年には第2作『限界を超えて生きるための選択』、さらに2004年には第3作『成長の限界 人類の選択』を著している。なお、1988年に国際的な専門家による地球温暖化に関する科学的な研究の収集及び整理のための政府間機構である気候変動に関する政府間パネル（IPCC：Intergovernmental Panel on Climate Change）の設立には、1972年に発表された『成長の限界』が契機となり、各国のシンクタンクが未来予測に取り組んだことが影響したものと考えられる。

(2)　新たな経済学・経営学の登場

その後、気候変動対策への国際的な取り組みは、1992年の気候変動枠組条約策定から本格化することになる。1992年5月9日、第5回気候変動に関する政府間交渉（INC5）によって温暖化対策に向けた国際的な条約が纏められ、同年6月にリオで開催された地球サミットでは154ヶ国が署名し、これを受けて1994年3月に気候変動枠組条約が発効されたのである。さらに、1995年4月にベルリンで開催された第1回気候変動枠組条約締約国会議（COP1）においてベルリンマンデートが採択され、2000年以降の対策については第3回締約国会議（COP3）で数値目標を伴う議定書の採択が約束された。こうした気候変動対策の枠組について国際社会が具体的な数値目標を掲げながら検討を重ねる中、地球温暖化の原因である産業社会の在り方とそれを推進する上での理論を形成している経済学や経営学といった社会科学においても新たな考え方が登場することとなる。ここで、1995年の第1回気候変動枠組条約締約国会議（COP1）から2021年のCOP26（グラスゴー会議）までの世界の脱炭素社会への移行と新しい経済・経営概念の登場の流れを概略的に示すと図1.1のようになる。

この図が示すように、地球環境問題は、経済・経営分野に対して、新たな視点の必要性を迫ることとなった。それは端的に言えば、経済・経営的利益と社会的利益の調和を促すような新たな経済・経営システムの開拓を意味し、具体的には、経済分野においては、サーキュラーエコノミーに代表される環境経済学の登場、ESG投資、CSR、CSV、パーパス経営等に代表される新しい経営学の登場を意味している。ところで、このような新しい経済学・経営学的概念の中で、本書では特にCSVに焦点を当てている。CSVについては、2006年に米国の経営学者M.ポーターとコンサルタントのM.クラマーの共著論文「Strategy and Society（競争優位のCSR戦略）」において、CSRすなわち「企業の社会的責任」からCSVへの進化が示され、彼らの2011年の論文「Creating Shared Value」において、その概念が確立された。その特徴は、従来のCSRの取り組みを企業利益の中に取り込んだ点にある。換言すると、CSRが企業

図 1.1　世界の脱炭素社会への移行と新しい経済学・経営学的概念の登場

出所：筆者作成。

における社会的利益（貢献）にウエイトを置いていたのに対して、CSV は、社会的利益（貢献）と経済的利益（ビジネス）との調和を指向している点においてCSR とは異なっている。

(3) 「井上陽水」に学ぶ人間の視野の多次元性

さて、本書のタイトルは「脱炭素社会の地域イノベーション」である。では何故、「地域」に注目するのか、その理由について説明してみよう。

図 1.2 は、既述の『成長の限界』の序章に掲載されたもので、その意味について以下のように説明している。

「人々の視野は空間的にも時間的にも異なるが、すべての人間の関心は、上掲（図）の空間＝時間グラフのどこかにあてはまるはずである。大多数の人々の関心は、家族や友人に対する短期的なことがらに限られている。他の人々は、時間的にもっと先まで見通し、町とか国といったもっと広い範囲のことがらに関心をもっている。ごく少数の人々だけが、遠い未来に広がる全世界的な関心をいだいている」（『成長の限界』（日本語訳）p.5 より）。

地球規模の気候変動対策の一環である脱炭素社会の実現という課題は、この図では右上方に位置する問題あり、それは空間的には世界規模、時間的には子どもたちの生涯（将来）といったように広い範囲に属する。つまり、ローマクラブの『成長の限界』の狙いは、往々にして左下方に留まっている人間の視点を右上方にある広い視野の領域にシフトさせることにあったと言えるのではないだろうか。

ところで、『成長の限界』の日本語訳が刊行されたのと同じ 1972 年にシンガーソングライターの井上陽水は、『傘がない』という興味深い歌を発表している。この歌はまさに人間の視野の多次元性を示唆しているという意味において、同時期に刊行された『成長の限界』の人間の視野（図 1.2）と図らずも一致しているように思われる。例えば、この歌の中にある「都会では自殺する若

図 1.2　人間の視野

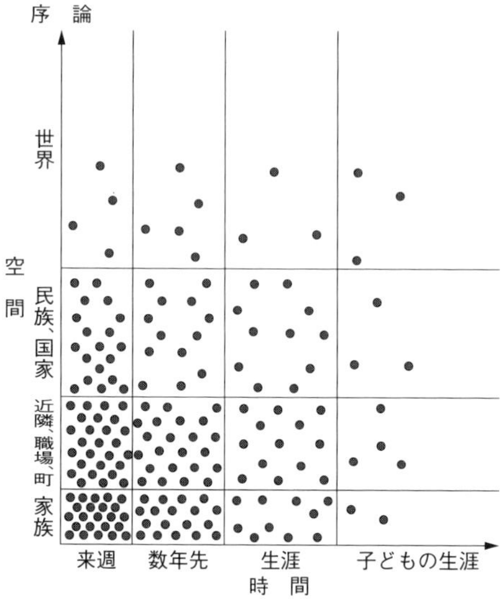

人々の視野は空間的にも時間的にも異なるが、すべての人間の関心は、上掲の空間＝時間グラフのどこかにあてはまるはずである。大多数の人々の関心は、家族や友人に対する短期的なことがらに限られている。他の人々は、時間的にもっと先まで見通し、町とか国といったもっと広い範囲のことがらに関心をもっている。ごく少数の人々だけが、遠い未来に広がる全世界的な関心をいだいている。

出所：『成長の限界』（日本語訳）p.5。

者が増えている」という歌詞は、都会という空間的範囲と近年という時間的範囲を意味し、個人の空間的時間的範囲よりも広い視野を示唆している。また、「テレビでは我が国の将来の問題を誰かが深刻な顔をしてしゃべってる」という歌詞は、国という空間的範囲と将来という時間的範囲を意味し、その範囲はより拡大し、図 1.2 の右上方へ向かう傾向を感じさせる。

しかし、この歌詞の真骨頂は、「だけども問題は今日の雨　傘がない」に帰着する一貫性にある。すなわち、メディア（新聞やテレビ）では都市の若者の自殺や日本の将来のことを報道しているが、自分の目下の関心は今日の雨であり、それに対処するための傘がないことであり、さらにそうした状況にも関わらず彼女に逢いにいかなければならないという心境を繰り返し述べている点にある。

では、井上陽水はこの歌を通して私たちに何を伝えたかったのだろうか。それは聴く人それぞれの解釈に委ねるべきであるが、敢えて言うならば、この歌のテーマは、人間の視野は多次元性を持っているが、殆どの人間の関心事は日常のごく身近な課題（悩み）に向けられているという現実、換言すれば、「社会的中長期的課題に対する人間の無関心さ」にあったのではないだろうか。

(4)　中間集団としての「地域社会」

このように、普通、私たちの視野は空間的にも時間的にもとても狭い範囲に留まる傾向がある。そのため、脱炭素社会の実現といった空間的にも時間的にも非常に広い社会課題を身近な課題として捉えるためには、個人と社会課題を繋ぐ媒体がなければならない。そこで重要となるのが「地域」であり、より厳密に言えば、「人々が暮らしている地域社会」である。つまり、脱炭素社会という地球規模の社会課題を身近な課題として捉える場として「地域社会」があると言えよう。さらに、ここでいう「地域社会」とは、社会学的には「国家と個人の中間にある団体」、すなわち、中間集団（intermediate group）の概念から捉えることができる。

一般的に社会学における中間集団とは、例えば、日本の場合は、労働組合、商工会議所、農協、漁協などの職業団体、各種NPO、地域のコミュニティ、宗教団体などが挙げられるが、「地域社会」は、これらの多様な集団や組織を包括する概念であると考えられ、第2章で詳述するように、地域の脱炭素化（ゼロカーボンシティ）の実践では、市の出資による第三セクター方式の株式会社、あるいは社団法人といった団体が、地域内の脱炭素化のための具体的な活動の拠点になっている場合が少なくない。いずれにしても脱炭素社会の実現といった空間的時間的に広範囲に亘る社会課題の解決では、複数の中間集団[1)]を包括している「地域社会」という視点に立脚した取り組みが有効であると考えられる（図1.3参照）。

---

1)　本書の後半では、脱炭素化に向けて地域内で活動する中間集団を「多様な活動体」と表現している。

図 1.3　脱炭素社会と中間集団として「地域社会」

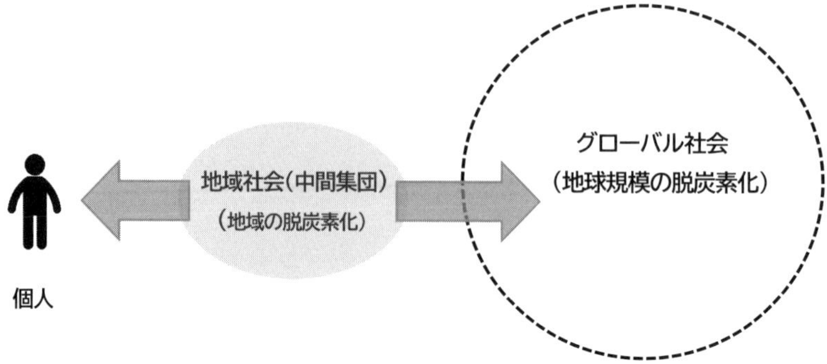

出所：筆者作成。

1.2　21 世紀のエネルギーシステム

(1)　集中型と分散型が共存する時代

環境経済学者である諸富（2021）は、ドイツのシュタットベルケ（町の事業）の仕組みを参考にしつつ、20 世紀が火力発電所と原子力発電所のように遠隔地に集中立地した発電設備から大規模送電網を用いて大都市の電力消費者に向けて一方的に電気を送り届けるといった「集中型エネルギーシステム」によって特徴づけられたのに対して、21 世紀は再生可能エネルギーを活用した「分散型エネルギーシステム」によって特徴づけられるとしている。

しかしながら、これを正確に読みとるならば、21 世紀においても「集中型エネルギーシステム」の役割の重要性は存続することから、21 世紀とは「集中型エネルギーシステム」と「分散型エネルギーシステム」が共存する時代と言い換えることができるよう。そして、この「分散型エネルギーシステム」とは、マイクログリッドや地産地消型エネルギーと称される比較的小規模な再生可能エネルギー（以下、再エネ）を地域社会で活用することを意味しており、そうした取り組みは「エネルギー自治」と呼ばれている。

(2)　エネルギー自治との親和性から見た再エネ分野

既述したように、一般的に再エネはマイクログリッドや地産地消型エネルギーとみなされがちであるが、現在、わが国で普及が進んでいる再エネ分野については、より厳密な分類が必要である。そこで、エネルギー自治との親和性の視点から再エネ分野を分類してみると図1.4のようになる。この図の縦軸は再エネ分野で生み出されるエネルギー（電力や熱）の規模を意味し、それは大規模電源型と厳密な意味での地産地消型に分類される。これに対して、図の横軸はエネルギー自治との親和性を意味し、それは親和性の強弱に分類される。

つまり、この図の第Ⅳ象限は、地産地消型でエネルギー自治との親和性が強い再エネ分野を意味しており、具体的には、小水力発電、木質バイオマス（発電・熱）[2)]、地熱発電などを挙げることができる。また、マイクロ風力発電、小型風力発電、中型風力発電なども地産地消型再エネ分野に含まれる。

一方、大型の陸上風力発電及び洋上風力発電は、ウインドファームを形成することで大規模電源型の再エネ分野であり、そこで発生する電力は長距離高圧送電網を通じて他の地域（大都市部）に送電されることから、図の第Ⅱ象限にプロットされ、エネルギー自治との親和性は弱いと考えられる。これと類似しているのは、大規模な太陽光発電、所謂、メガソーラーであるが、そこで発生する電力の用途によっては、メガソーラーはエネルギー自治との親和性を有している場合も考えられるため、図の第Ⅰ象限と第Ⅱ象限に跨る再エネ分野であると考えられる。

なお、地熱発電については、既述したように第Ⅳ象限にプロットされる可能性が高いと考えられるが、大規模な地熱発電の場合は主力電源として地域外への送電も考えられるため、正確には第Ⅰ象限と第Ⅳ象限に跨る再エネ分野とみなすことができる。換言すると再エネで発生する電力量が小さいものほどエネルギー自治との親和性が強く、大規模な電源であるほどエネルギー自治との親和性は弱いと言えるわけだが、再エネで発生した電力や熱をどの程度の地理的

2)　バイオマスには、木質系以外に農業・畜産・水産系、建築廃材系があるが、本書では木質系バイオマスに焦点を当てている。

図 1.4　エネルギー自治との親和性から見た再エネ分野の類型化

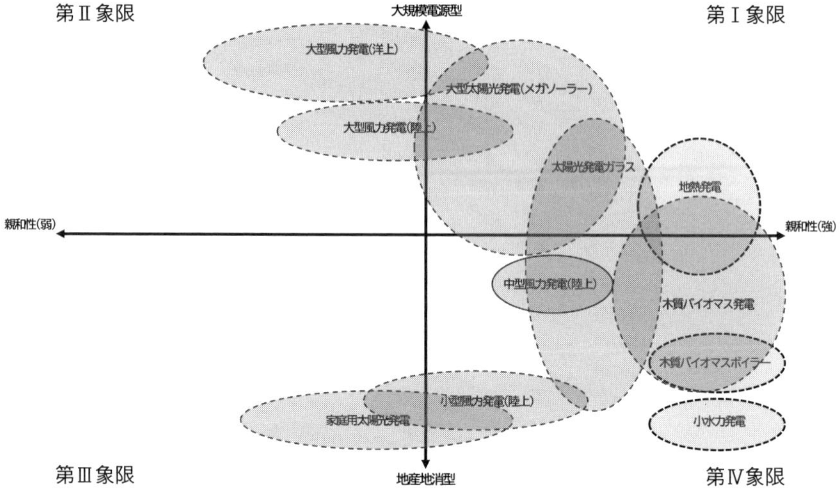

補足）　大型風力発電（洋上）でも長崎県五島市のように浮体式洋上風力発電によって離島における地域経済の好循環が生まれているケースもある。詳細については、『日刊工業新聞』2023 年 11 月 17 日掲載記事を参照。
出所：筆者作成。

範囲で使用するのか、つまり、エネルギーの地域内利用か地域外利用かによって、エネルギー自治との親和性は異なってくるものと考えられる。

さらに、これをもう少し詳細に検討してみると、それは再エネで発生した電力あるいは熱の利用方法、特に電力の場合は、売電方法との関係で説明することができる。つまり、家庭用太陽光発電や小型風力発電といったマイクロ発電は地産地消型であるため、一見するとエネルギー自治との親和性が高いように見える。しかし、それが個人による電力会社への売電収入を目的とする投資である場合には、エネルギー自治との親和性は弱いと言える。なぜならば、エネルギー自治の目的は、個人単位の売電収入の獲得ではなく、地域全体で再エネ収入を地域の様々な事業に活用する仕組みを構築し運用することにあるからだ。このエネルギー自治について、諸富は、「地域の経済循環を創り出すべく、地域の関係者が協力してエネルギー事業を創出し、そのための地域ガバナンスの仕組みを整えていく試みのことを意味する」と説明している[3)]。

よって、こうした観点から見れば先述したようにメガソーラーのような大規模太陽光発電であっても、その電力が大手電力会社向けの電源なのか、それとも地域還元型の電源なのかによってエネルギー自治との親和性の度合いは異なってくることになる。つまり、地産地消型・大規模電源型の軸とエネルギー自治との親和性の軸は、再エネの種類だけで決定されるものではなく、再エネから生み出されるエネルギー（電気や熱）によって得られる利益の流れとその使い方によって決定されるのである。

1.3　地産地消型再エネ分野の概要

(1)　本書で対象としている再エネ分野

再エネの定義については、わが国の場合、「エネルギー供給事業者による非化石エネルギー源の利用及び化石エネルギー原料の有効な利用の促進に関する法律（エネルギー供給構造高度化法）においては、再生可能エネルギー源について、太陽光、風力その他非化石エネルギー源のうち、エネルギー源として永続的に利用することができると認められるものとして政令で定めるもの」と定義されており、政令において、再エネ分野は、太陽光・風力・水力・地熱・太陽熱・大気中の熱その他の自然界に存在する熱・バイオマスが定められている。そして、これらの再エネ分野は、温室効果ガスを排出せず国内で生産できることから、エネルギー安全保障にも寄与できる重要な国産エネルギー源として期待されている。また、日本国内では 2012 年の FIT（固定価格買取制度）の施行以降、太陽光発電を中心に再エネ分野の普及が加速している[4)]。

これに対して、本書では、地域イノベーションとの関係から再エネ分野の中でも地産地消型の再エネ分野に焦点を当てている。そこで、以下では、エネルギー自治との親和性が高い小水力発電、バイオマス熱利用及び地熱発電の国内

3)　諸富徹「地域発エネルギー自治の先進性―根幹を成す住民自治―」月刊『住民と自治』（2018 年１月号）発表論文であり、本稿では自治体問題研究所のホームページに掲載された同論文を参考にしている。https://www.jichiken.jp/article/0068/（2023 年８月 15 日閲覧）。

4)　資源エネルギー庁ホームページを参照。

の状況と今後の可能性について説明する。

(2) 水力発電の状況と今後の可能性

現在、小水力発電に関して厳密な定義は存在しておらず、ERN（European Rivers Network）では2,000kW以上1万kW未満を小水力発電と定義し、20kW未満をピコ水力、20kW以上500kW未満をマイクロ水力、500kW以上2,000kW未満をミニ水力と分類した上で、世界的には1万kW未満を小水力発電とみなしているとしている。これに対して、環境省地球環境局地球温暖化対策課では小水力発電についての厳密な定義はないとしつつも、一般に10,000kW以上30,000kW以下を中小水力発電と呼ぶことが多く、また、新エネ法の対象のように出力1,000kW以下の比較的小規模な発電設備を総称して小水力発電と呼ぶこともあるとしている。

一方、全国小水力推進協議会（J-WatER）のホームページではESHA（The European Small Hydropower Association）では10,000kW以下を小水力として扱っているとした上で、日本の法律では1,000kW以下と1,000kWを超える水力が明確に区分されており、1,000kW以下の水力発電は新エネ法の施行令改正（2008年4月施行）により、「新エネルギー」に認定され、またRPS法では1,000kW以下の水力発電がRPS法の対象となっていると解説している。そして、以上の法律上の区分や今後の水力開発の在り方などを踏まえた上で、全国小水力推進協議会では1,000kW以下を小水力発電と定義している。

ところで、わが国の水力発電は、明治21年（1888年）7月に仙台市三居沢の宮城紡績が工場動力用の水車を利用して三吉電機製の5kW直流発電機を運転し、白熱電燈10燭光150燈を点燈し深夜作業用に使用したのが最初とされる。次いで、1890（明治23）年8月には下野麻紡績所（後の帝国製麻鹿沼工場）が水力を利用し56馬力竪軸水車でエジソン式4号型15kWによって16燭光176燈を点火し作業用に使用している。さらに、同年12月には足尾銅山がドイツ・シーメンス社製の機器により間藤電気電動所において400馬力横軸水車と3台の発電機（揚水用直流450V80馬力、捲揚用直流220V25馬力、電燈用

6馬力）を運転し、揚水、送風、圧搾、捲上げ、電燈の各用途に電気を使用している。

また、わが国初の事業用水力発電所は、京都市の蹴上発電所とされる。同発電所は琵琶湖疎水の一環として建設されたもので、1890（明治23）年２月に起工、翌1891（明治24）年５月に完成し、京都市営蹴上発電所として電燈のほか西陣織等への電動力供給を開始している。発足当初の同発電所の概要については、使用水量200立方尺（5.6立方メートル）、有効落差118尺（36メートル）、水車はペルトン式、発電機はエジソン社製の直流55V・80kW２台であったと記録されている。

このように、日本の水力発電の黎明期における水力発電は小水力発電であることから、小水力発電は、“古くて新しい発電システム”と言われている[5]。

表1.1　日本の小水力発電の特徴

①発電方式 「流れ込み式」、または「水路式」であり、大規模ダム（貯水池式）、中規模ダム（調整池式）ではなく、河川の水を貯めること無く、そのまま利用する発電方式である。一般河川、農業用水、砂防ダム、上下水道など、現在無駄に捨てられているエネルギーを有効利用する。
②国内市場 これまでは大中型中心の水力市場が殆どで小水力の市場がなかったが、現在、やっと芽が出て、育ち始めている段階にあり、将来的には市場拡大が期待される。
③小水力発電の技術 独自の技術であり、大中水力発電技術の簡易型、機能省略、縮小版ではないため、小水力発電独自の技術開発が必要である。
④開発特徴 小水力発電の開発は地域密着型であり、「地域の、地域による、地域のための開発」である。よって、地元のコンサルタント、地元の施工業者、地元業者による保守管理などで、地域の活性化、地域の雇用促進にも有効である。
⑤事業主体 小水力発電の事業主体は、地方自治体、土地改良区、NPO、民間、個人であり、これまでの電力会社主体の開発とは異なり多様である。

出所：全国小水力推進協議会ホームページ、https://j-water.org/about/index.html（2023年６月10日閲覧）より作成。

5）この日本の水力発電の黎明期の状況については、北嶋（2022）を参照。

現在、全国小水力推進協議会では日本国内の小水力発電は環境配慮型の電力であるとした上で、その特徴を整理している（表1.1参照）。

ここで、経済産業省資源エネルギー庁の資料に基づいて、2021年3月31日現在の小水力発電の普及状況を示すと表1.2のようになる。この表から窺えるように、国内には小水力発電向けの未開発地点が多く残されていることから、今後はこれらの未開発地点において、使用量最大流量や有効落差、流量設備利用率、出力、発電電力量、売電売上額、建設単価などの調査を進めることでわが国の小水力発電の普及及び利用はより拡大する可能性があると考えられる。

表1.2　日本の小水力発電の普及状況

	既開発	工事中	未開発
地点	622	33	349
出力(kW)	254,821	16,154	231,228
電力量(MWh)	1,544,227	76,801	1,165,133

注：この表では、出力区分「1,000kW未満」を小水力発電とみなしている。
出所：経済産業省資源エネルギー庁（2022a）より作成。

こうした中、様々な業種や方法で小水力発電事業へ参入する動きが国内各地で活発化している。例えば、東京に本社のある建設会社では、水力発電を得意とする民間事業者と共同で発電事業を担う新会社を立ち上げ小水力発電事業に参入している[6)]。また、交通事業を地盤としながら生活産業などを展開している岡山県の企業グループでは、小水力発電所の適地調査や電源開発を進めている奈良県の小水力発電会社と協業して岡山県内の発電施設の整備を目指している[7)]。

さらに、小水力発電の普及に向けて研究会を発足させる動きもある。長野県産業振興機構（NICE）では、水資源が豊富な同県では小水力発電が再エネの1つとして有望視されているにも関わらず、コストや水利権などが障壁となり

6）詳細については、『電気新聞』2023年5月23日掲載記事を参照。
7）詳細については、『山陽新聞』（朝刊）2023年8月2日掲載記事を参照。

普及が滞っていることを踏まえて、事業者、県及び研究機関が連携して糸口を探るため研究会を発足している。同研究会には、水力発電に詳しい大学研究室や県のゼロカーボン推進室、県企業局などが参加し、民間事業者からも小水力発電機の部品メーカーや施工業者など県内外の企業が参加する予定で、小水力発電の効率的な発電に向けた技術的課題も含め課題の共有や解決策を検討するとしている[8)]。

(3)　木質バイオマス熱利用の状況と今後の可能性

新エネルギー財団によれば、バイオマスのエネルギー利用については、大規模に直接燃焼させるバイオマス発電やバイオマスガス化による発電、また、湿潤系バイオマスによるメタン発酵バイオガス発電の利用の仕方があるが、発電以外にも熱そのものを利用する方法があるとされる[9)]。バイオマス熱利用とは、木質バイオマスを木片、チップまたはペレットにして、温室のそばに置いた小型ボイラーで燃焼させ、燃焼熱を直接間接に温室で使用する方法である。この木質バイオマス熱利用の特徴は、エネルギー利用効率が高いことであり、少ない燃料（木材）からより多くのエネルギーを利用することが可能であるとされる（図 1.5 参照）。

そこで、本書では地産地消型再エネ分野の１つとして、この木質バイオマス熱利用に焦点を当てている。しかしながら、日本木質バイオマスエネルギー協会によれば、木質バイオマス熱利用の普及状況では、欧州各国とわが国では、木質バイオマスボイラーの導入台数に２桁、３桁の違いがあるとされ、例えば、オーストリアとわが国の比較では、オーストリアが 30 万台程度であるのに対し、わが国では２千台程度と 100 倍以上の違いがある。また、2019 年までの木質バイオマスボイラーの累積導入台数では、ドイツが 90 万台、オーストリ

8)　この研究会発足に関する情報については、『信濃毎日新聞』（朝刊）2023 年 6 月 30 日掲載記事を参照。
9)　詳細については、新エネルギー財団のホームページ https://www.nef.or.jp/ を参照（2023 年 8 月 25 日閲覧）。

アが67万9千台、フランスが47万6千台、ポーランドが32万7千台となっており、木質バイオマスボイラーの利用は欧州で非常に盛んであるのに対して、日本での利用は遅れている（表1.3参照）。

図1.5　木質バイオマス熱利用の利用効率

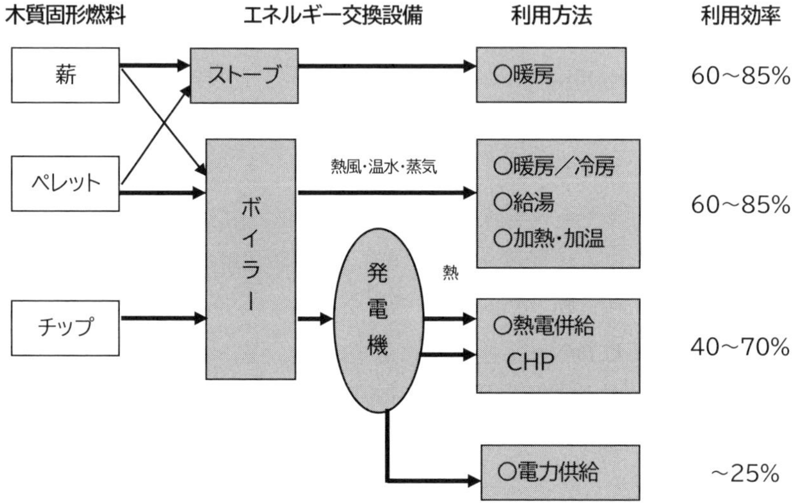

出所：日本木質バイオマスエネルギー協会（2023）。

表1.3　欧州各国の木質バイオマスボイラーの導入状況

国　名	年間導入台数（2020年）	累積導入台数（2019年）
オーストリア	12,700台	679,000台
デンマーク	4,700台	85,000台
フランス	17,300台	476,000台
ドイツ	54,000台	900,000台
イタリア	6,900台	156,000台
ポーランド	97,500台	327,000台
スウェーデン	2,200台	162,000台
スイス	2,000台	70,000台

出典：Heating Market Report 2021, Association of the European Heating Industry.
出所：日本木質バイオマスエネルギー協会（2023）。

このように欧州各国で木質バイオマスボイラーの導入が盛んであるのにも関わらず、日本の導入台数が非常に少ない状況に留まっている要因について、同協会では以下のように分析している。

〈木質バイオマスボイラーの普及における欧州との格差の要因〉

① わが国はどちらかと言えば暖温帯に属するのに対し、欧州は冷温帯に属し１年のうち暖房を必要とする期間が長い。

② 欧州の建物では断熱性が高いうえにセントラルヒーティングが行われ、既設の化石ボイラーを木質バイオマスボイラーに替えることによって、比較的低コストで対応できた。

③ わが国では1950年代の燃料革命以降これまでの薪炭利用をほとんどすべて化石利用に転換したが、欧州の農山村地域では、薪炭利用が継続され、そのこともベースとしながらチップ、ペレットによる現代的な熱利用が開始された経緯があり、わが国と欧州では自然的、歴史的な背景に違いがある[10)]。

④ 1970年代の石油危機以降、エネルギーの多様化の中で木質バイオマス利用が検討され、チップ、ペレットによる現代的な熱利用が開始されたが、欧州においてもそれが順調に進んだわけではなく、試行錯誤があった。しかしながら、欧州では試行錯誤の中で木質バイオマスに即して技術の議論が積み重ねられ、それがQM Holzheizwerke等にまとめられ、その技術標準に従って実施すれば概ね妥当な成果が得られるようになった[11)]。

⑤ 木質バイオマス利用におけるもう一つの大きな問題は燃料の確保であるが、森林所有者の積極的な対応等により燃料供給者の育成や燃料供給と

10) 但し、熱需要については、わが国では暖房に加えて給湯需要が多く、このことが差を生じた要因と言えるかどうかは疑問とする意見もある。これらの要因分析については、日本木質バイオマスエネルギー協会ホームページ https://jwba.or.jp/woody-biomass-energy/proposa20220824/ を参照（2023年8月25日閲覧）。

熱利用システムの運営を合わせて実施する事業体の設置等が進んだ。

⑥ ボイラーメーカーについても、新たなメーカーの参入等によりボイラーの質的向上とコストダウンが図られた。

以上のような要因を背景に、脱炭素社会を実現する上で期待されている再エネ分野の1つである木質バイオマス熱利用（木質バイオマスボイラー）への日本の取り組みは欧州より30年近く遅れていると言っても良いだろ。しかしながら、今日、脱炭素化へのシフトに加えて、ロシア・ウクライナ戦争を契機にエネルギー問題が世界的に深刻さを増す中、日本でも漸く木質バイオマスボイラーを利用する機運が徐々に出始めていることも事実である。

また、これと関連するわが国の政策については、既に平成25年度からバイオマス産業都市構想が展開されている。同構想は、関係7省庁（内閣府、総務省、文部科学省、農林水産省、経済産業省、国土交通省、環境省）が共同でバイオマス産業都市を選定するものであり、平成25年度から令和4年度までに101市町村がバイオマス産業都市に選定されている。同構想では、バイオマスの原料については、木質バイオマス（農業残さ等を含む）、家畜排せつ物、食品廃棄物及び下水汚泥の4つに分類しているが、その中で木質バイオマス（農業残さを含む）の熱利用については、十勝地域をはじめとする58市町村が選定されており、選定地域における木質バイオマス熱利用については、表1.4のような事例も紹介されている。

このように、わが国でもバイオマス産業都市構想の一環として、木質バイオマス熱利用（木質バイオマスボイラーの活用）が全国各地で展開されていることから、今後は、これらの取り組みを如何にして採算の取れる地域の事業とし

11） 欧州におけるQM Holzheizwerkeは、1998年にスイスの専門家によって開発されたバイオマス地域暖房プラント向けの品質管理システムが基になっている。1999年の嵐「Lothar」被害で欧州に風倒木が膨大に発生し、その有効利用として木質バイオマス熱利用が着目され、スイスに加え、ドイツ（バーデン・ヴェルテンベルク州等）、オーストリアも参加して、バイオマス地域暖房設備の品質管理を共同で提供する国際的な作業グループが設立され、2004年に品質基準が作成された。これについては、日本木質バイオマスエネルギー協会ホームページ https://jwba.or.jp/woody-biomass-energy/proposa20220824/ を参照（2023年8月25日閲覧）。

表 1.4　北海道下川町の木質バイオマス熱利用の事例

- 事業者や町民等が木質チップの原料となる木材等を木材か加工施設（下川町木質原料製造施設）に搬入。地元の化石燃料供給会社で構成する「エネルギー供給協同組合」が、下川町から指定管理委託を受け、木質チップの製造及び供給を実施。
- 木質バイオマスボイラーは、役場、五味温泉、育苗施設、集合住宅、町営住宅、病院、小学校、中学校等に 11 基設置。
- 一の橋地区では、木質バイオマスボイラーを中心とした地域エネルギー自給や集住化によるコミュニケーション機会の創出とともに、高齢者の生活支援、コミュニティビジネスの創造など地域の複合的な課題の解決に向けた取り組みを進めている。

出所：農林水産省大臣官房環境バイオマス政策課（2023）より抜粋。

て確立することができるかが、「日本版のエネルギー自治形成」の１つの鍵になるものと考えらえる。

(4)　地熱発電の状況と今後の可能性

日本地熱協会によれば、火山国である日本は、アメリカ、インドネシアに次ぐ、世界第３位（2,347 万 kW 相当）の地熱資源大国であるにも関わらず、国内で稼働中の地熱発電所の出力は、合計約 51 万 kW と地熱資源量のわずか 2.2% であり、この発電出力は世界第 10 位に留まっている（2023 年４月現在）。すなわち、日本には豊富な地熱資源量がありながら十分に利用されていないのが現状である（国内の地熱発電所位置図については、図 1.6 を参照）。

確かに、2012 年の固定価格買取制度（FIT）の導入によりこの 10 年間で太陽光発電の導入件数は 10 倍以上、風力発電は約２倍、バイオマス発電も約２倍になったのに対して、小水力発電と地熱発電は実施的に殆ど増えていない状況にある。しかしながら、前述の木質バイオマス熱利用（バイオマスボイラー）と同様にロシアによるウクライナ侵攻を機にエネルギー安全保障が揺らぐ中、地域資源を活かしたエネルギーの確保の重要性が再認識されたことで地熱発電への関心も高まってきている。

地熱発電の発電方式は、「フラッシュ方式」[12] と「バイナリー方式」の２つに大別され（図 1.7 及び図 1.8 参照）、日本で主流なのは「フラッシュ方式」であ

図 1.6　国内の地熱発電所位置図

出所：日本地熱協会ホームページより。https://www.chinetsukyokai.com/information/nihon.html（2023 年 8 月 29 日閲覧）。

る。この方式では、地下で減圧沸騰（フラッシュ）した熱源から取り出した蒸気で直接タービンを回して発電するため大規模な発電が可能になるが、200 度以上の高温の熱源を使用するため地層深く掘削する必要があり、開発コストも高くなるといったデメリットがある。これに対して「バイナリー方式」の場合は、ガスを二段階で加熱して発電するため 150 度以下の源泉でも電力供給が可能であり、小規模だが低コストで開発することができる。そのため、近年では、この「バイナリー方式」による「温泉発電」を導入する温泉地も出始めている。

12)　フラッシュ方式には、「シングルフラッシュ方式」、「ダブルフラッシュ方式」、「トリプルフラッシュ方式」がある。詳細については、日本地熱協会ホームページを参照。

図 1.7　地熱発電（フラッシュ方式）のしくみ

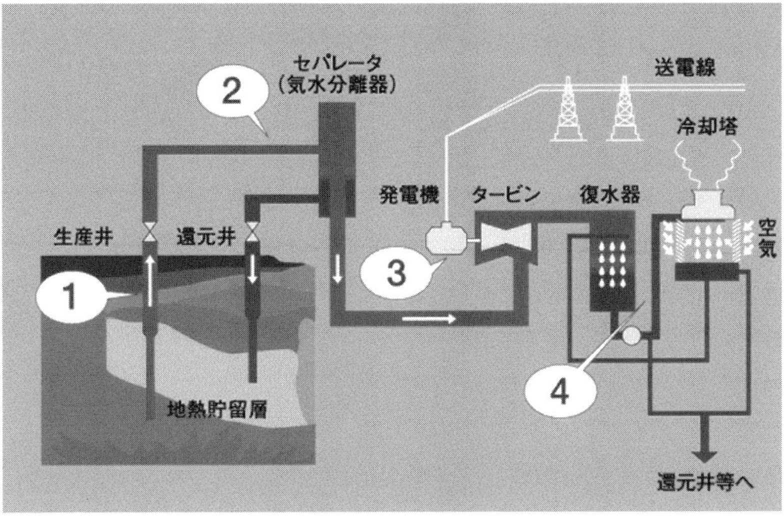

出所：日本地熱協会ホームページより。
https://www.chinetsukyokai.com/information/index.htm（2023 年 8 月 29 日閲覧）。

図 1.8　地熱発電（バイナリー方式）のしくみ

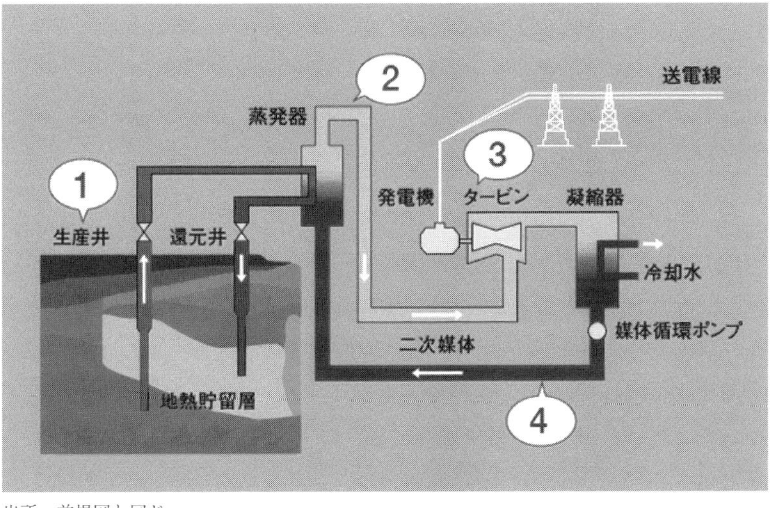

出所：前掲図と同じ。

一方、日本政府はポテンシャルのある地熱発電は低炭素で安定した電源であることを再認識し、2030年度までに導入量を2.5倍に増やす目標を掲げており、既に2019年には国内で23年ぶりとなる出力1万kW超の大型発電所が秋田県湯沢市で運転を開始している。また、九州でも2022年末に熊本県南阿蘇村で2,000kWの発電所が竣工し、2024年度には同県小国町と鹿児島県霧島市にも4,000kW級の発電所が建設される予定となっている[13)]。

また、経済産業省資源エネルギー庁では、2020年より地熱開発のモデル地区の認定を開始している。この制度は、①地熱資源を活用した産業等の振興に取り組んでおり、②地域協議会等の設置を通じて地熱発電事業者と地元の対話の場を設定しているなど、他の地域への模範となる自治体を「地熱開発のモデル地区」として認定し、これら模範的な取り組みを全国に発信等することで、地域と共生した持続可能な地熱開発を進めるとするものである。2020年8月8日から9日かけて、秋田県湯沢市で開催された「地熱シンポジウムin湯沢」[14)]では、エネルギー・金属鉱物資源機構（JOGMEC）により「地熱開発のモデル地区」として、北海道森町、岩手県八幡平市、秋田県湯沢市の3市町村が認定されている（モデル地区の概要については表1.5参照）。

以上のように、地熱発電への取り組みは主力電源としてのみならず、「温泉発電」のように様々な形で活性化する兆しを見せ始めている。また、地熱発電は災害時の緊急電源としても期待され始めている。例えば、北海道奥尻島の奥尻町では、1993年7月の北海道南西沖地震で大きな被害を受けた教訓から、15年以上前に新エネルギー・産業技術総合研究機構が調査のため掘った井戸を再利用し出力250kWの地熱発電所を稼働させており、今後は隣接する未利用の井戸も活用し合計で1,000kWまで出力を増強する計画を発表している[15)]。こうした奥尻町の取り組みは、地熱発電に限らず、地域資源に合った

13） 秋田県湯沢市などの地熱発電の詳細については、本書第3章第4節を参照。

14） 「地熱資源を地域に活かす～湯沢市の経験を踏まえて～」と題した本シンポジウムには、超党派地熱発電普及推進議員連盟の国会議員、秋田県議会議員、関係省庁、地方自治体、地熱開発事業者、温泉事業者、学生、地元住民の方々など465名が来場した。詳細については、石油天然ガス・金属鉱物資源機構「NEWS RELEASE」（令和元年8月21日）を参照。

表 1.5　経済産業省による地熱開発のモデル地区の事例

北海道森町	➢ 森地熱発電所の還元熱水の一部を熱交換し、トマト・キュウリ等を栽培する温室ハウスで活用。 ➢ また、地元で生産されたトマト等を使用したご当地グルメ「森ライス」を開発。 ➢ 情報交換会の定期開催や新エネビジョンの作成、学生を対象とした新エネ見学会を実施。
岩手県八幡平市	➢ 発電後の熱水を八幡平温泉郷等へ提供。 ➢ 地熱開発の検討委員会、理解促進に係る有識者会議の設置や「八幡平市地熱を活かしたまちづくりビジョン」を策定し、市民や事業者の関与を高め、地熱エネルギーの活用策を展開。
秋田県湯沢市	➢ 上の岱地熱発電所に加え、本年（令和元年）5 月に山葵沢地熱発電所が運転を開始。 ➢ 市有泉からの熱水をミツバ等のハウス栽培に活用。また、高校生ならではの視点でドライフルーツ「ミッチェリー」を商品化。 ➢ 協議会や各種理解促進活動を展開。

出所：経済産業省資源エネルギー庁（2020b）。

再エネ活用による「災害に強いまちづくり」の構築として今後は全国に広がる可能性を持っていると言えよう。

1.4　まとめ

以上、本章では、エネルギー自治との親和性の観点から、再エネ分野の中から特に小水力発電、木質バイオマス熱利用（木質バイオマスボイラー）及び地熱発電を取り上げ、国内の状況と今後の可能性について説明した。繰り返しになるが、この中で、フラッシュ方式の地熱発電の場合は出力が非常に大きいため、そこで生み出される電気は地域内での利用に留まらず、主力電源としての役割を果たすことになる。そのため地熱発電は地産地消型再エネとは言い難い

15）奥尻町では、地熱発電に加え、町内２か所にある太陽光発電（合計 3,000kW）と３基の風力発電（合計 900kW）を新設する計画もあり、2022 年には環境省が指定する「脱炭素先行地域」に離島地域としては、新潟県・佐渡島、鹿児島県・沖永良部島に続いて３番目に選ばれている。以上については、「秋田魁新報」2023 年７月８日掲載記事を参照。

側面を持っている。しかしながら、バイナリー方式による小規模な「温泉発電」の電力やフラッシュ方式であってもそこで生み出される熱の利用は地域内に限定される傾向が強く、余剰の電力がある場合は大手電力会社への売電収入が地域に還元される可能性が高いことから、地熱発電が必ずしもエネルギー自治との親和性が低いとは言い切れない[16)]。

一方、小水力発電は地産地消型再エネの典型であり、農業水利施設での普及も期待され始めている。例えば、2021 年 3 月 23 日に閣議決定された土地改良長期計画では、「土地改良施設の使用電力に対する農業水利施設を活用した小水力発電等再生可能エネルギーによる発電電力量の割合（目標：約 4 割以上）」を重要業績指標の 1 つとして掲げており、農村振興局では、小水力等の利活用を推進するための各種施策が講じられている。具体的には、農業農村整備事業等では、土地改良施設の操作に必要な電力供給などを目的に、2023 年 3 月末までに 169 施設で小水力発電施設が整備されている[17)]。

このように洋上風力発電やメガソーラーは新たな主力電源として、またその建設やメンテナンス等のサプライチェーン構築による国内関連産業の活性化手段として期待されている一方、地産地消型のマイクログリッドである小水力発電、木質バイオマス熱利用あるいは「温泉電源」のような地熱発電は、その規模や利用範囲は限定的であるがゆえに、エネルギー自治を確立する上で有効な手段であり、さらに地域資源（自然エネルギーや地域産業）の特徴に合わせてそれぞれの地域で独自の取り組みが可能であることから、これらの再エネ機器を活用した地域イノベーションでは、独自の「地域ビジネスモデル」の構築が

16）　このように地産地消型か大規模電源型の分類においてアンビバレントな再エネとしては、大規模なバイオマス発電も含まれると考えられる。しかし、熱エネルギーが安定的に共有される地熱発電と異なり、バイオマス発電では原料となる大量の木質バイオマス（農業残さ等を含む）、家畜排せつ物、食品廃棄物及び下水汚泥を如何にして恒常的に発電所に供給できるかが大きな課題となる。

17）　大半の施設が最大出力 1,000kW 未満で、出力合計は 4.7 万 kW、年間約 2 億 3,200 万 kWh の発電が可能（約 77,300 世帯の年間消費電力量に相当）となっている。以上については、農林水産省ホームページ「小水力等再生可能エネルギー導入の推進」を参照。https://www.maff.go.jp/j/nousin/mizu/shousuiryoku/rikatuyousokushinn_teikosuto.html（2023 年 8 月 31 日閲覧）。

必要となるものと考えられる。

気候変動対策や脱炭素社会の実現は、個人にとっては“遠い世界の課題”なのかも知れない。しかし、地域社会という中間集団の中で、地産地消型再エネ機器の利用に一人ひとりが関わることによって、“遠い世界の課題”を身近な課題として捉えることができるのではないだろうか。そこで、第２章では、そうした地域社会の取り組みである「ゼロカーボンシティ宣言都市」の事例を中心に考察する。

参考文献

北嶋守（2022）「日本の水力発電黎明期における知のネットワーク―先駆者たちの強い探求心と旺盛な起業家精神―」『機械経済研究』53: 1-20。

北嶋守（2021）「成長資本主義と脱炭素社会の相克―『成長の限界』の今日的意義―」、機械振興協会経済研究所『コラム 2012 年 6 月』

http://www.jspmi.or.jp/system/file/6/114/202106columnKitajima__.pdf（2023 年 7 月 30 日閲覧）。

経済産業省資源エネルギー庁（2022a）「日本の水力エネルギー量・出力別包蔵水力（一般水力）」

https://www.enecho.meti.go.jp/category/electricity_and_gas/electric/hydroelectric/database/energy_japan006/（2023 年 8 月 14 日閲覧）。

経済産業省資源エネルギー庁（2020b）「地熱発電の導入拡大に向けた経済産業省の取組」

https://www.enaa.or.jp/?fname=gec_2019_5_1.pdf（2023 年 8 月 30 日閲覧）。

日本木質バイオマスエネルギー協会（2023）「地域内で木質バイオマス熱利用をどう始めるか―熱利用はじめの一歩―」、『令和 4 年度「地域内エコシステム」サポート事業（木質バイオマス利用促進調査支援）木質バイオマス熱利用導入及び利用向上可能性調査成果報告書』。

農林水産省（2023）「バイオマス産業都市構想について」（令和 5 年 3 月）

https://www.maff.go.jp/j/shokusan/biomass/b_sangyo_toshi/attach/pdf/b_sangyo_toshi-12.pdf（2023 年 8 月 28 日閲覧）。

諸富徹（2021）「ドイツのシュタットベルケから日本の自治体は何を学べるか―自治体の経営手法への示唆―」『国際文化研修』110: 18-23。

Meadows, D. H., Meadows, D. L., Randers, J. and Behrens III, W. W. (1972) The Limits to Growth: A Report for the club of Rome's Project on the Predicament of Mankind, Universe Books, New York（大来佐武郎監訳（1972）『ローマクラブ「人類の危機」レポート　成長の限界』ダイヤモンド社）。

第2章

ゼロカーボンシティの先進地域と活動体

概　要

本章では、はじめに、全国的な展開を見せているゼロカーボンシティが増加するきっかけとなった「カーボンニュートラル宣言」に至る経緯について説明する。次に、ゼロカーボンシティ宣言自治体の中でも先進地域として注目されている長野県飯田市及び福岡県みやま市において、脱炭素社会の実現に向けた具体的な取り組みの推進機関となっている「活動体」について概説する。そして、後半では、各事例について、社会ネットワーク論及び経営戦略論の視点から考察を試みる。

2.1　ゼロカーボンシティの背景

(1)　ゼロカーボンシティの増加

地球温暖化対策の推進に関する法律では、都道府県及び市町村は、その区域の自然的社会的条件に応じて、温室効果ガスの排出の削減等のための総合的かつ計画的な施策を策定し及び実施するように努めるものとするとされている。こうした制度も踏まえつつ、昨今、脱炭素社会に向けて、2050年二酸化炭素実質排出量ゼロ[18)]に取り組むことを表明した地方公共団体、すなわち、「ゼロカーボンシティ宣言都市」が増えつつある。換言するとゼロカーボンシティとは、地方公共団体における脱炭素化を意味しており、そうした活動を宣言した自治体が「ゼロカーボンシティ宣言都市（自治体）」である。

18)　実質排出量ゼロ：CO_2などの温室効果ガスの人為的な発生源による排出量と、森林等の吸収源による除去量との間の均衡を達成すること。以上は、環境省ホームページを参照。https://www.env.go.jp/policy/zerocarbon.html（2023年9月25日閲覧）。

日本政府が「カーボンニュートラル宣言」[19]を発表した2020年10月26日時点では、ゼロカーボンシティの数はまだ166自治体[20]に留まっていたが、この宣言を受けてその後は急速に増加し始め、2023年6月30日時点では、東京都・京都市・横浜市を始めとする973自治体（46都道府県、552市、22特別区、305町、48村）と2020年10月26日時点の6倍近くまで拡大している（図2.1参照）。

図2.1 「カーボンニュートラル宣言」後のゼロカーボンシティの累積件数

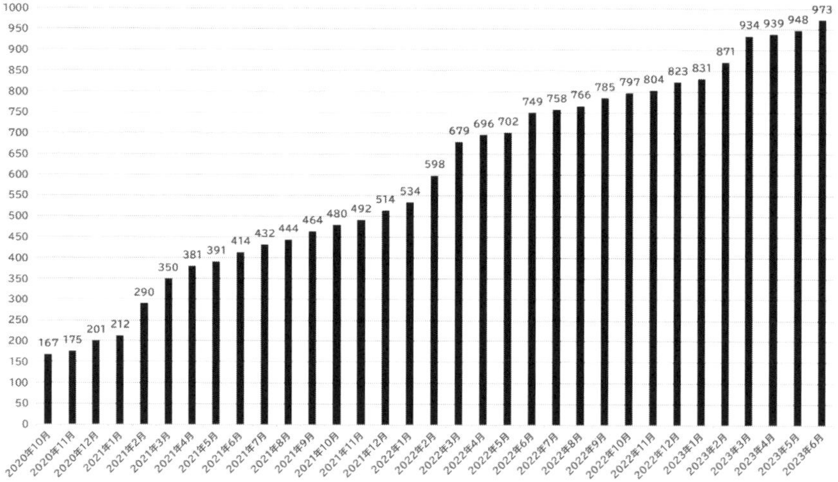

出所：環境省「ゼロカーボンシティ取組一覧（表明自治体）」（2023年6月30日）に基づいて作成。
https://www.env.go.jp/content/000149636.pdf（2023年9月1日閲覧）。

(2) ゼロカーボンシティまでの道のり

このように、2020年10月以降、多くの自治体がゼロカーボンシティ宣言を行い脱炭素社会への取り組みを強めているが、以下では、そのきっかけとなった「カーボンニュートタル宣言」に至るまでの経緯について概観する。

19） 第203回臨時国会の所信表明演説において、菅義偉内閣総理大臣は「2050年までに、温室効果ガスの排出を全体としてゼロにする、すなわち2050年カーボンニュートラル、脱炭素社会の実現を目指す」ことを宣言した。なお、この「排出を全体としてゼロ」とは、二酸化炭素をはじめとする温室効果ガスの排出量から森林などによる吸収量を差し引いた実質ゼロを意味する。

20） 2020年6月末までの件数は1件増えて167件である。

わが国で脱炭素社会と関連する具体的な取り組みが地域単位で開始される端緒となったのは「エコタウン事業」である。これは1994年に国連が「ゼロ・エミッション構想」を提唱したことを受け、わが国で開始された事業である。具体的には、ある産業から出るすべての廃棄物を新たに他の分野の原料として活用し、あらゆる廃棄物をゼロにすることを目指す構想を地域の環境調和型経済社会形成のための基本構想として位置づけ、併せて地域振興の基軸として推進することによって、先進的な環境調和型のまちづくりを推進することを目的とするものである。同制度は1997度に創設されたもので、2005年度までに26地域がエコタウンとして承認されている（表2.1参照）。

表2.1　エコタウン承認地域

1997年度	北九州市、岐阜県、長野県飯田市、川崎市
1998年度	福岡県大牟田市、札幌市、千葉県千葉市
1999年度	秋田県、宮城県鶯沢町（現栗原市）
2000年度	北海道、広島県、高知県高知市、熊本県水俣市
2001年度	山口県、香川県直島町
2002年度	富山県富山市、青森県
2003年度	兵庫県、東京都、岡山県
2004年度	岩手県釜石市、愛知県、三重県鈴鹿市
2005年度	大阪府、三重県四日市市、愛媛県

出所：環境省（2018）『エコタウンの歩みと発展』p.6に基づいて作成。

なお、承認されたこれら26地域は、産業構造や廃棄物発生処理の特性、エコタウン事業で整備された施設の立地形態などの面で様々な特徴があるとされる。例えば、廃棄物の発生量が多い（供給優位）地域として東京都、大阪府、愛知県など、廃棄物の処理施設が多い（需要優位）地域として秋田県、富山市、大牟田市など、両方が多い（需給充実）地域として、北九州市、川崎市、千葉県、兵庫県などがある。また、エコタウン事業で整備された施設が集中して立地する地域と分散して立地している地域があり、前者には青森県、東京都、川崎市、富山市、大阪府、香川県、北九州市、大牟田市など、後者には北海道、秋田県、愛知県、兵庫県、広島県などが該当する[21)]。

その後、2008年の第二次循環型社会形成推進基本法（平成20年3月25日閣議決定）では、「地域循環圏」の構築が掲げられた。「地域循環圏」の基本的な考え方は、循環資源の性質と地域の特質に応じて、コミュニティ、地域、ブロック圏、全国規模、そして国際的なレベルに至る最適な規模の「地域循環圏」を構築していくことで、よりきめ細かく、効果的な循環型社会の形成を目指すものであり、地域循環圏形成ガイドラインの策定等を通じて実現に向けた支援がなされてきた。さらに、2015年のパリ協定やSDGs（持続可能な開発目標）といった国際的な合意を地域で達成することを目指し、2018年の第五次環境基本計画において「地域循環共生圏」が提唱された。この「地域循環共生圏」とは、上述の「地域循環圏」の考え方と生物多様性国家戦略2012－2020で提唱された「自然共生圏」を包含するもので、各地域が地域資源を最大限活用しながら自立・分散型の社会を成形し、地域の特性に応じて資源を補完し支え合うことにより、地域の活力を最大限に発揮させることを目指す考え方である。そして、既述のように、2020年10月に「2050年カーボンニュートラル宣言」がなされたことで、ゼロカーボンシティ宣言をする自治体が急速に増加するに至ったのである[22)]。

2.2　飯田市における活動体

(1)　カーボンニュートラルの実現を目指す飯田市

長野県飯田市は、平成21年1月23日に環境モデル都市に選ばれている。これは、国が低炭素な社会を実現するために、温室効果ガスの排出対策などの高い目標を掲げて、先駆的な取り組みにチャレンジする都市を選び、予算や情報提供など優先的で重点的に配分するものであるが、飯田市は既に2007年3月に同市自ら「環境文化都市宣言」を行っていることから、この環境モデル都市

21）　環境省（2018a）p.6参照。
22）　以上の経緯については、環境省（2008）（2018b）及び浅利・矢野・平井・酒井（2021）を参照。

への選定は、同市がその理念に基づいて低炭素なまちづくりを進めていくための新たな第一歩となった。そこで同市では、市民、事業者、行政などの多様な主体の積極的な参加と行動によって、環境と地域経済の好循環を推進している。一方、環境省は、自治体や民間団体などが共同で2030年度までにカーボンニュートラルの実現を目指して取り組みを進める地域を「脱炭素先行地域」としておよそ100か所選定し、優先的に予算を配分する取り組みを進めているが、2022年11月、飯田市はこの「脱炭素先行地域」にも選定されている。「脱炭素先行地域」に選ばれた地域は50億円を上限として交付金が活用できることから、飯田市は中部電力と協力して、市内の川路地区で既存の太陽光発電や新設する蓄電設備を利用して災害時でも安定して電気を送り続ける仕組みづくりを構築するとしているほか、国の交付金を活用して、市内すべての小中学校に太陽光発電設備などを導入することで脱炭素化を図るとしている。

(2)　おひさま進歩エネルギーの取り組み

こうした飯田市のカーボンニュートラルへの取り組みを早い段階から具体的にサポートしている活動体として、おひさま進歩エネルギーの存在を指摘することができる。同社は市民出資の出資金をもとに、「創エネルギー事業」や「省エネルギー事業」を展開している企業である。現在、同社の事業は、①省エネ

図2.2　おひさま進歩エネルギーの事業構成

出所：同社HPより。

ルギー事業、②創エネルギー事業、③蓄エネルギー事業、④コンサルティング、⑤環境学習、⑥その他、以上の6つの事業で構成されている（図2.2参照）。

① 同社の沿革

同社の沿革については、以下のとおりである。2004年12月に環境省に選定された飯田市の事業を担う民間企業として「NPO法人南信州おひさま進歩」が母体となり「おひさま進歩エネルギー」が設立された。そして、2005年5月には全国初となる大規模な太陽光発電の市民出資「南信州おひさまファンド」（延べ476名から出資総額2億150万円）に基づいて、飯田市の公共施設の屋根を借りてパネルを設置し太陽光発電事業がスタートしている。これは民間と行政が協力した「新しい公共」のモデルとなった。また、2007年11月には「おひさま進歩エネルギー」は「おひさまエネルギーファンド」となり、新たに「おひさま進歩エネルギー」が設立され、飯田市周辺部まで活動エリアを広げ、屋根貸し太陽光発電だけでなく、高効率空調設備の導入などといった省エネルギー事業やバイオマスの熱事業にも取り組みを開始している。さらに、2018年3月には地域の自然エネルギー電力を地域内で販売し地域経済循環やまちづくりを行う新電力会社「飯田まちづくり電力」を飯田ケーブルテレビ、飯田まちづくりカンパニーと共同出資で設立している。なお、2020年6月には2005年に募集した第1号「南信州おひさまファンド」、2010年に募集した「信州・結いの国おひさまファンド」について、それぞれの出資者に対して計画どおりの分配を完了している。

② 太陽光発電事業

創エネルギー事業の柱である「太陽光発電事業」は、保育園、児童館、公民館などの地域の行政施設、事業所や個人住宅など、2022年10月の時点で424ヶ所、出力合計7,803kWにまでに拡大している。なお、同事業は2012年のFIT（固定価格買取制度）の施行に合わせて現在は「メガさんぽおひさま発電所プロジェクト」に発展している（図2.3参照）。

図 2.3　メガさんぽおひさま発電所プロジェクトの仕組み

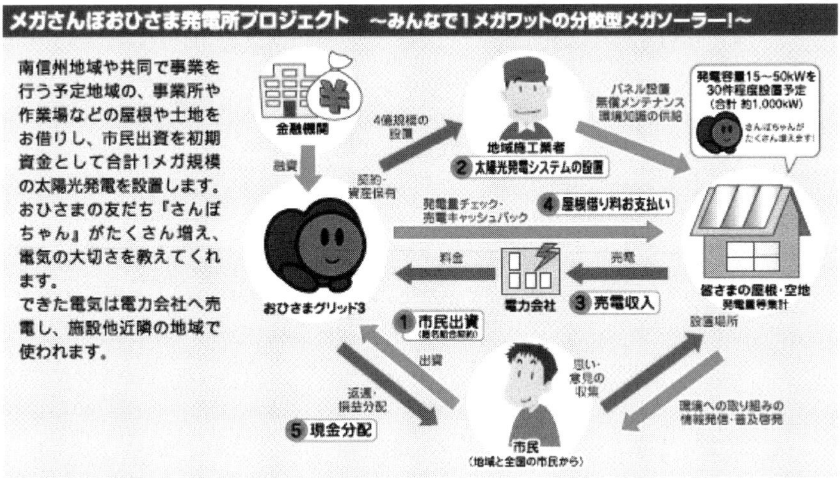

出所：前掲図表と同じ。

③　省エネルギー事業

省エネルギー事業では各施設・工場などの省エネルギー化に総合的に取り組んでいる。例えば、顧客の要望に合わせて特定のメーカーにこだわらない中立的な立場から CO_2 削減及びコスト削減のアドバイスを行っている。また、ヒアリングや現場確認を通じて、省エネ・省コストを試算し、データや利益の“見える化”による省エネ案（仮提案）を提案する「省エネ診断も実施している（図 2.4 参照）。

④　再生可能エネルギー事業

沿革でも触れたように、創エネルギー事業では「太陽光発電事業」に留まらず、南信州に豊富にある森林資源を活用したペレット・チップ・薪などの木質燃料を利用した所謂「バイオマスの熱事業」も推進している。さらに、2018 年以降からは「小水力発電事業」も開始されている。同事業は飯田市上郷・野底川で取り組んでいるもので、同事業は同社にとっては初となる小水力事業で

図 2.4　省エネルギー事業の仕組み

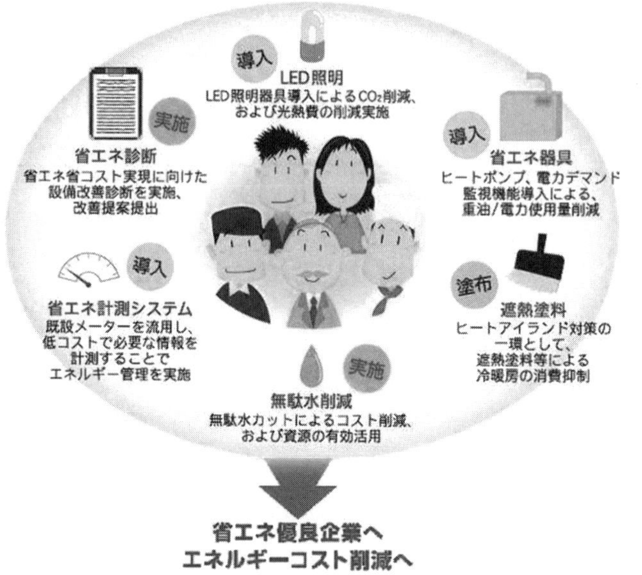

出所：前掲図表と同じ。

ある。同事業では既存の砂防えん堤に取水設備を取り付けて、340kW の「野底川小水力発電所」を設置し、発電事業の売電収入の一部は上郷地域まちづくり委員会へ寄付し、野底山森林公園の活性化事業など地元の人々に活用して貰っている。なお、事業資金は市民出資、地元金融機関からの融資、長野県からの補助金を活用している（表 2.2 参照）。

そして 2021 年からの約 1 年半の工事を経て、2023 年 9 月 1 日から「野底川小水力発電所」（愛称：もりデン　こりき君）が営業運転を開始しており、FIT（固定価格買取制度）による売電を行っている（写真 2.1）。なお、2023 年 10 月 6 日には 2017 年の調査着手から 6 年を経て、ようやく竣工式が執り行われ、式典後には、水車発電機や取水設備の見学会が行われた[23]。

23）　同社ホームページ https://ohisama-energy.co.jp/（2023 年 10 月 11 日閲覧）を参照。

表 2.2　野底川小水力発電所の概要

最大出力	340kW
最大取水量	0.55m^3/s
有効落差	79.8m
水車	フランシス水車（ZECO 社製）
想定発電量（年間）	2,120MWh
運用開始年月	2023 年 9 月
事業者	野底川市民発電（株）

補足：発電機はイタリアの ZECO 社製である。トータル的に日本製よりも価格競争力が高いことから採用された。
出所：ヒアリング調査に基づいて作成。

写真 2.1　2023 年 9 月 1 日から営業運転を開始した野底川小水力発電所

出所：https://ohisama-energy.co.jp/2023/09/07/start/（2024 年 1 月 30 日閲覧）。

⑤　おひさま進歩エネルギーの強み

同社が立地している飯田市は、環境文化都市への取り組みを積極的に展開していることで知られる。同市のこれまでの取り組みの概略については、以下のとおりである。1996年「21'いいだ環境プラン策定」、「地域ぐるみの環境ISO研究会発足」、「太陽光市民共同発電事業開始」、2007年「環境文化都市宣言」、2009年「環境モデル都市に選定」、2011年環境NGO主催環境首都コンテスト「明日の環境都市」受賞、2013年「地球環境権条例設定」、その後、「地域主導の再エネ事業創出」、「地域ぐるみの環境ISO研究会20周年」を経て、2021年「2050年いいだゼロカーボンシティ宣言」などである。また、この間、地域自治組織の再構築(2007年度からの地域自治制度の導入)による「ボトムアップ」のまちづくりを開始している。こうした背景の下で2004年におひさま進歩エネルギーが設立されたが、これはFIT(固定価格買取制度)の先駆けの取り組みとなり、現在のおひさま進歩エネルギーの発展へと繋がっている。このように、同社は環境政策を推進する飯田市と連携しながら各種事業を展開できる環境にあることが強みになっている。

さらに、同社では2016年5月に「飯田自然エネルギー大学」を開校している。学長は環境経済学が専門でドイツの「シュタットベルケ」にも精通している京都大学大学院経済学研究科の諸富徹教授である。約1年半にわたり土日1泊の授業が用意されており受講生は県外の社会人が多い。この「大学」の卒業論文では再エネ事業計画書を作成することになっており、「再エネ事業、脱炭素化を目指す仲間づくりの場」にもなっている。こうしたユニークな人材育成方法を有している点も同社の強みと言える。

2.3 環境文化都市・飯田市に関する社会ネットワーク論的考察

(1) 飯田市のエネルギー自治が涵養された背景

前述のように、飯田市は、環境文化都市への取り組みを積極的に展開しており、そのことがおひさま進歩エネルギーの活動を支えている。では、飯田市のエネルギー自治の基盤はどのような背景に下で涵養されてきたのだろうか。

「飯田」という地名は「結いの田」、つまり共同労働の田の意味から生まれたといわれ、文献に登場するのは鎌倉時代のことである[24]。「結い」(結)とは労働力を対等に交換しあって田植え、稲刈りなど農の営みや住居など生活の営みを維持していくために共同作業を行うこと、もしくはそのための相互扶助組織を意味する。

実は、飯田市におけるエネルギー自治の歴史は古く、明治32年には飯田町（当時）において飯田電燈が運営する出力75kWの水力発電所によって、飯田町に電気が供給されている。また、大正３年には、長野県下伊那郡竜丘村（現、飯田市竜丘地区）に日本で初めて電気利用組合が住民の力で建設され、約30kWの小水力発電により村内に電気を供給、電力の国家管理が行われる昭和10年代前半まで、飯田各地で電気利用組合が設立されたのである[25)]。

ところで、住民参加による社会基盤の維持・管理にかかわる仕組みは自普請と呼ばれ、労力、資材、資金を提供しあう互助活動全体を指すとされる。つまり、この自普請という言葉に象徴されるように、飯田市には昔から社会基盤を地域住民で作り維持していく風土があったものと推察される。

こうした飯田市の特徴については、田中・轟ら（2008）は、飯田市柿野沢地区の道普請[26)]に関する事例調査でも明らかにしている。田中・轟らの研究によれば、飯田市柿野沢地区では、住民が自分たちの生活環境を自分たちの手で構築、管理することで、適切な環境改変のローカルルールが継承され、変化する社会情勢に対応したコミュニティが維持されてきたこと、また、その地域コミュニティによって愛着を持って整備されてきた道というインフラストラクチャーは、地域景観の基盤となり、統合化された環境認識の基盤となっていることを実証的に明らかにしている。そして、この研究の中で、田中・轟らは、道普請に係る社会関係資本（以下、ソーシャル・キャピタル）の重要性を指摘している。

そこで、本節では、飯田市のエネルギー自治の基盤形成について、その形成過程で重要な役割を果たしている「公民館」及び、おひさま進歩エネルギーが

24）　飯田市役所ホームページ「飯田市の歴史／沿革」より。https://www.city.iida.lg.jp/soshiki/160/rekisi.html（2023年11月16日閲覧）。

25）　この歴史については、飯田市提供資料「環境文化都市・飯田の挑戦」を参照。また、日本の小水力発電の歴史に焦点を当てた研究については、北嶋（2022）を参照。

26）　これは市民参加型の景観を重視した道（インフラストラクチャー）づくりを意味する。

2016年に設立した「飯田自然エネルギー大学」の機能に焦点を当て、ソーシャル・キャピタルの概念を中心とした社会ネットワーク論的考察を試みる。

(2) 飯田市の公民館の特徴

諸富（2025）によれば、飯田市の公民館は、全体と統括する「飯田市公民館」と、概ね小学校区単位で設置される20の「地区公民館」で構成されているが、さらに地区公民館の下には、103もの「分館」が設置されており、これらは市民によって自主的に管理・運営されている。飯田市における住民自治の基盤の強さ、行政の足腰の強さは、これら多数の公民館が住民の身近に存在し、活発に活動が繰り広げられていることによると分析している。さらに、諸富によれば、飯田市の公民館には、少なくとも以下の4つの機能が備わっているとされる。すなわち、①住民の合意形成、および意思決定機能の場、②教育、および集合的学習機能、③住民相互の信頼関係を醸成し、ネットワークを形成する機能、④飯田市職員の教育訓練機能[27]、以上である。そして、諸富は、②は「人的資本」の蓄積機能、③は「ソーシャル・キャピタル」の蓄積機能、④は、市職員における「人的資本」の蓄積機能であると分析している。このように、飯田市の公民館には、③の機能のように、ソーシャル・キャピタルを蓄積する機能が組み込まれているのである。

(3) 飯田自然エネルギー大学の活動

飯田自然エネルギー大学は、おひさま進歩エネルギーによって2016年に設立され、開校以来、これまで第1期から3期を実施し、卒業生49人を輩出している。そして、うち15人が卒業後は再エネ事業に取り組んでいる。同大学の全18回のカリキュラムは、飯田自然エネルギー大学学長の諸富徹教授（京都大学大学院経済学研究科）とおひさま進歩エネルギーによって監修されてお

27） 飯田市職員の人事・トレーニングシステムの一部として「公民館主事制度」があり、若手職員が期待されて地域に送り込まれ、そこで力量を高めて本庁に戻り、一般行政職の重要なポストに配置されることが往々にしてみられるという。以上については、諸富（2015）p.53を参照。

り、受講生は再エネ研究者や事業者の講義、事業現場で関係者と意見交換する実地研修などを通じて事業に必要な知識や現場感を磨くことができる。また、受講生同士のディスカッション、グループワークで取り組む事業計画づくりなど、全国から集まる受講生との交流も特徴の１つで、約１年半の学びを通じて「再エネ事業、脱炭素化を目指す仲間づくりの場」となっている[28)]。

(4)　ソーシャル・キャピタルの機能

ソーシャル・キャピタルの定義には様々なものがあるが、稲葉（2011）は、以下のようにわかりやすい定義を行っている。「（ソーシャル・キャピタル）とは、人々が他人に対して抱く『信頼』、それに『情けは人の為ならず』『お互い様』『持ちつ持たれつ』といった言葉に象徴される『互酬性の規範』、人や組織の間の『ネットワーク（絆)』である」。そして、この稲葉の定義は、ソーシャル・キャピタル論の第一人者であるPutnam（2000）の定義に準拠したものであると考えられる。

そこで、このソーシャル・キャピタルの概念を用いて、まず初めに、飯田市公民館の機能について考察すると以下にようになる。既述したように、飯田市公民館には、①住民の合意形成、および意思決定機能の場、②教育、および集合的学習機能、③住民相互の信頼関係を醸成し、ネットワークを形成する機能、④飯田市職員の教育訓練機能、以上の４つの機能があり、特に③の機能は、ソーシャル・キャピタルの蓄積機能となっているが、これらをソーシャル・キャピタルの概念の基盤である社会ネットワーク論の視点で捉えてみると、飯田市公民館機能の①、②及び③の機能は、飯田市民の相互理解と結束を促す機能を持っているという意味でボンディング（bonding：結束型）の社会ネッワーク構築に寄与しているものと考えられる。すなわち、ボンディングは、同質な者同士を結びつける社会関係資本とされ、この社会関係資本は結束を強化する傾向を持つ。一方、この公民館機能の④の機能は、市民と市職員とをつなぐブリッ

---

28)　以上については、おひさま進歩エネルギーのホームページ、https://ohisama-energy.co.jp/business/iidaenedai/（2023年12月４日閲覧）を参照。

ジング（bridging：橋渡し型）の役割を果たしているものと推察される。このブリッジングは、一般市民と市職員という“異質な者同士”を結びつける社会関係資本であり、それは情報の伝播や評判の流布において強い外部性を持ち、お互いが新しい情報を得たり、情報を発信する上で有効な社会関係資本であると言えよう。

次に、飯田自然エネルギー大学についての社会ネットワーク論的考察では、Coleman（1998）の開いたネットワークの概念が参考になる。つまり、飯田市民という閉じたネットワークの中に、飯田自然エネルギー大学という「場」を設けることで、閉じたネットワークに構造的間隙（structural hole）が発生し、全国から若者が飯田市に集うことになる。その結果、飯田自然エネルギー大学を通じて飯田市民と学生は、相互に異なる知識と情報を獲得することが可能となり、それはまさにイノベーションの基本条件である異種交配（heterogeneous）を意味している。換言すると、飯田自然エネルギー大学は、飯田市民と他地域の人々をつなぐブリッジング機能を果たしているのである。

以上のように、飯田市の公民館と飯田自然エネルギー大学は、住民主体型のエネルギー自治を実現するための基盤であるソーシャル・キャピタルの機能を持っており、飯田市がカーボンニュートラルに対して持続的に取り組むための推進エンジンの役割を果たしているものと考えられる。

2.4　みやま市における活動体

(1)　みやま市の取り組みと「みやまスマートエネルギー」の会社概要

福岡県みやま市は、「エネルギーとしあわせの見えるまちづくり」をコンセプトに、日本初の自治体による市民向け電力小売り事業会社に取り組んでいる。「みやまスマートエネルギー」はみやま市の第3セクターで、地域新電力として電力料金による地域内経済循環の促進と市のエネルギー政策に関する課題解決を中心に施策を実行している。

みやま市では、環境経済部エネルギー政策課を設置しており、環境と経済の両立を政策的に取り組むことを意図している。その取り組みのスタートがメガソーラー発電事業である（図 2.5 を参照)。この図にあるように様々な取り組みを経て、2021 年度には民間部門も対象とした「みやま市地球温暖化対策実行計画（区域施策編)」が策定されている。

図 2.5　みやま市の持続可能性（再生可能エネルギーを中心に）への歩み

2011	・廃プラスチックの分別開始
2013	・市出資メガソーラーの稼働開始（５メガ）
2014	・バイオマス産業都市構想策定・認定
2015	・みやまスマートエネルギー設立 ・グッドデザイン金賞受賞（エネルギーの地産地消）
2018	・廃校を活用し、バイオマスセンター稼働・生ごみ分別開始
2020	・みやま市循環のまち宣言（国内５例目のゼロウェイスト宣言）
2021	・第２次みやま市環境基本計画策定 ・ゼロカーボンシティを表明 ・みやま市地球温暖化対策実行計画（事務事業編・区域施策編）策定

出所：同市提供資料より筆者が一部修正のうえ筆者作成。

みやま市の取り組みは、概ね市民の評価が高いものの、一方では温暖化対策そのものに対する批判なども一部あることから、啓発の必要性を感じている(図 2.6)。多くの基礎自治体では専門部署が無いことが多く、啓発活動を実施することが難しいが、みやま市では専門部署もあることから啓発活動を積極的に行っていきたいという。

また、みやま市は他の基礎自治体と同様に、人口減少から持続性という深刻な課題を抱えている。地域課題の解決を、地域の魅力向上を、環境と経済が対立するのではなく、環境と経済とエネルギーが「三立」するように、前述した計画が策定されている（図 2.7)。環境への負荷と生活の豊かさを担保する提案

図 2.6 「市民の声」
(第 2 次みやま市地球温暖化対策実行計画より政策に対する市民の評価)

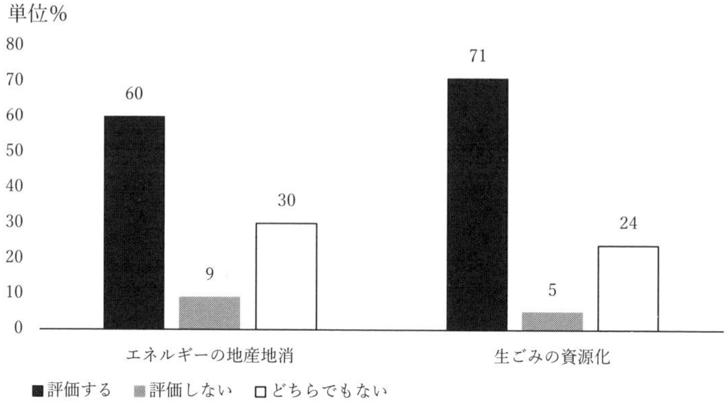

一方でこんな意見も

結局国の補助金をもらいながら推進する様は、官僚の天下り先に繋がっています。地球温暖化していないし、SDGs なんてものは国連が次の金もうけにつなげたいだけの戦略であり、きれいごとです。二酸化炭素をゼロにしたいなら、人類、植物は全滅します。どうか世の中アホらしい風潮にながされないみやま市独自の戦略を考えていただきたい。

何度も言いますが地球は温暖化していません。43 億年前地球が誕生したとき、96%が二酸化炭素でした。現在の二酸化炭素は 0.04%。地球は氷河期に向かっています。それは太陽の活動によって 1000 年〜1 万年単位で常に変動しているものであり、二酸化炭素の地球に与える影響は軽微なものです。むしろ氷河期に向けてどう考えるかが重要です。

出所：同市提供資料より筆者が一部抜粋のうえ筆者作成。

図 2.7　みやま市の温暖化対策の方針

本市の地球温暖化防止対策は、地域課題を解決し、地域の魅力と質を向上させる地方創生に貢献するものである。(出所：第 2 次みやま市地球温暖化対策実行計画中『計画の目的』に記載)

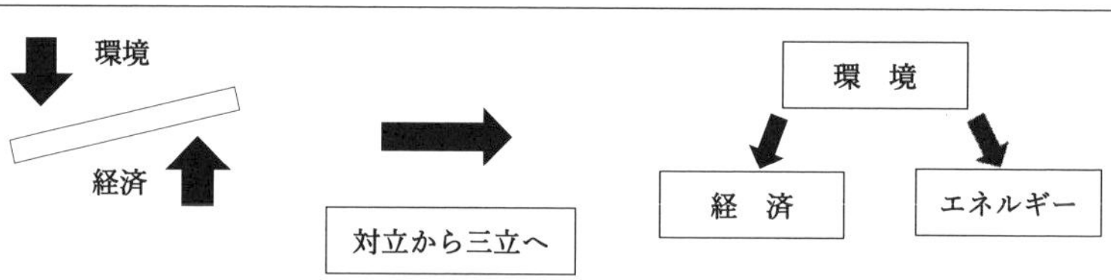

出所：同市提供資料より筆者が一部修正して作成。

としては、そして実現する手段としてバイオマスセンターやメガソーラーを事業として実施し、市民の意識を変化させる必要がある（啓発活動と市民の行動変変容）（図 2.8）。

図 2.8　みやま市の目指す循環のまち（市民の行動変容）

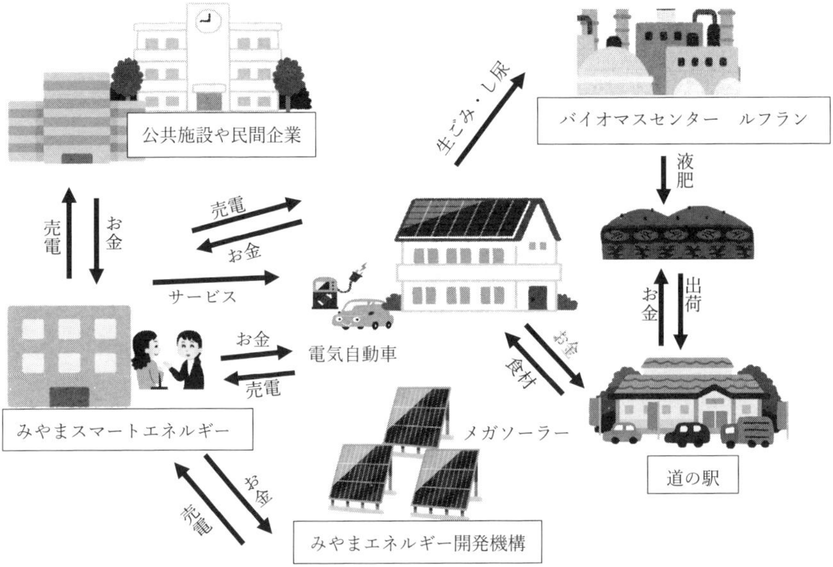

出所：同市提供資料より筆者作成。

創エネの個別事業としては、メガソーラー事業（FIT[29]（Feed-in Tariff、固定価格買取制度）による全量売却）を「みやまエネルギー開発機構」で行っている（表 2.3）。

その後、啓発活動の結果、戸建てのソーラー発電設置率は 15％程度まで高まったことを受け、みやま市では、地域経済循環や再エネのさらなる普及等を目指して 2015 年に自治体が出資する低圧の新電力としては日本初となる「みやまスマートエネルギー」を設立した。

29）FIT（Feed-in Tariff）制度とは、経済産業省が 2012 年 7 月に開始した「再生可能エネルギーの固定価格買取制度」のこと。

表2.3　個別の施策（創エネ）「再生可能エネルギーの普及」

2013年　市と市内企業が出資し、みやまエネルギー開発機構(株)を設立

市の出資額	2,000万円（20%未満）
市の受益	年間約2,000万円（賃貸借料及び10%の配当）
有効敷地面積	約81,700m^2
発電規模	約5MW（昼間の家庭電気約3,000戸）

出所：同市提供資料より筆者作成。

(2)　みやま市の取り組みの経済効果と地域循環

みやま市では、これまで取り組んできたエネルギー政策がどの程度の経済効果、その他の効果を創出したのか、試算している。その結果、従来は大手電力会社を通じて地域外に流出していた電力コスト△48億円で、さらに電力会社を通じて海外に流出したエネルギーコスト△22億円と試算されたが、その一部を新電力会社「みやまスマートエネルギー」に置き換えることで約40名の雇用を創出することが出来た（図2.9）。

また、みやま市では事業評価も行っており、地域の資本でなければ地域の稼ぎや雇用が少なくなってしまうことが判明している。みやま市の「みやまスマートエネルギー」は地域の資本（当初は市と市内民間事業者（現在は自社株として買い取り））であり、需給管理を含めて概ね内製化が出来ている。例えば2019年度決算の影響を試算すると、みやま市は1,100万円の出資で、2019年度の経済効果だけで1.7億円の効果を得ており、かつ雇用を創出している（図2.10）。加えて、前述のようにみやまスマートエネルギーを通じてエネルギー政策やその他の政策を実施できている。

地域新電力の役割は、電力会社を通して市外に吸い上げられていた電力料金を、地域内で分配する仕組みであると考えている。同社としては、地域の脱炭素化や域内経済循環による持続可能な地域づくりに貢献していきたいと考えている。

図 2.9　エネルギー収支の流れの変化

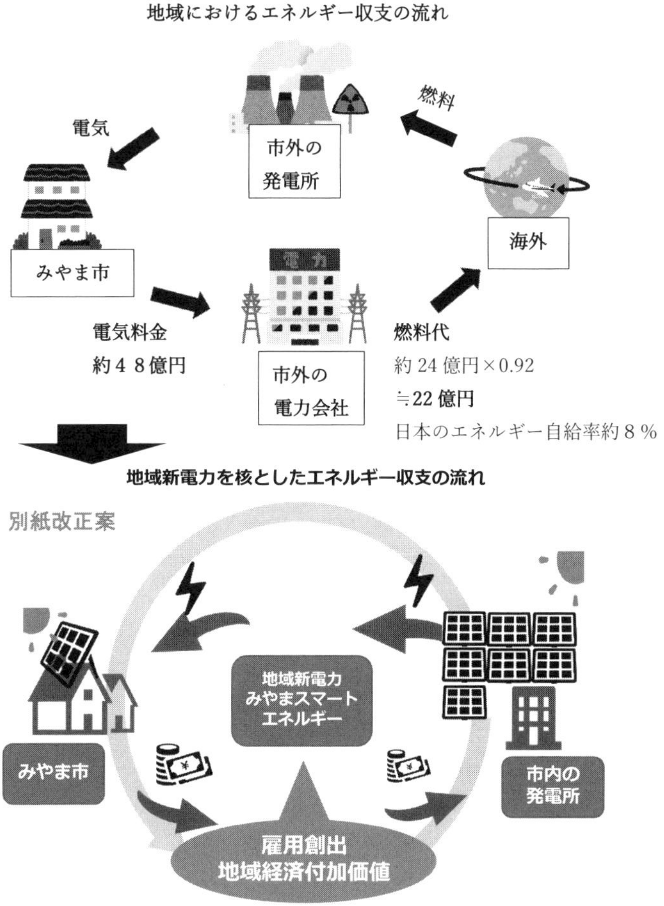

出所：同市提供資料より筆者作成。

図 2.10　エネルギー収支の流れの変化

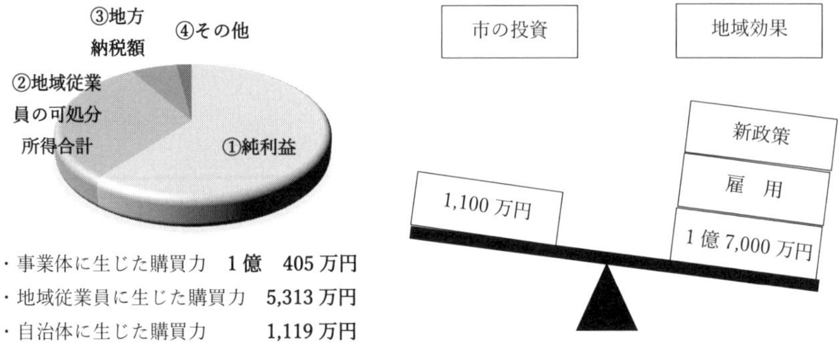

・事業体に生じた購買力　**1 億　405 万円**
・地域従業員に生じた購買力　**5,313 万円**
・自治体に生じた購買力　**1,119 万円**
・その他　**351 万円**
合計　1 億 7,188 万円

注：東京海洋大学　海洋資源環境学部　宮澤氏による試算。
出所：同市提供資料より筆者作成。

(3) 「みやまスマートエネルギー」の企業活動を通じた地域の経済循環

地域新電力としての「みやまスマートエネルギー」の経営理念は「地域の経済循環で、地域課題を解決する、地域に愛される会社」である（外観等については、写真 2.2 及び写真 2.3 参照）。みやま市では、エネルギー政策を中心に地域が抱える様々な課題に事業として取り組んできている。失敗した事業もあるが、市内民間事業者向けの省エネ診断は成功している。

地域新電力の利益を、市民の利益としてどう還元していくが鍵となる。現在の市内の契約数は十数％に留まっている。特に、オール電化住宅では大手電力会社（九州電力）と価格で勝てないのが現状である。また、大手電力会社にはブランド力でも勝てないといえる。そこで、2023 年 11 月より新たな付加価値として、みやま市が同年 2 月に導入したデジタル地域通貨『みやまん・コイン』[30]と連携し、電気契約者に対する毎月のコイン付与事業を開始した。付与

30)　みやま市では、全国的にキャッシュレス決済の普及が進む中、地域経済の活性化に向け通貨の（地域内外から）地域内循環を図る仕組みの構築が必要であると考え、デジタル地域通貨事業を開始した。この「みやまん・コイン」のプラットフォームには、福岡地場のフィンテック事業会社が開発した電子チケット型 QR コード決裁サービスが採用されている。

された地域通貨は、道の駅やガソリンスタンドなど、加盟する市内事業者225店舗で使用できるため、地域経済の持続性に寄与する。このように、地元の電気を選択するという一人ひとりの行動が、未来世代や地域社会に良い影響を与えるという仕組みを「見える化」していくことが、普及には大事であると言える。

写真 2.2　みやまスマートエネルギーの外観

出所：北嶋撮影。

写真 2.3　同社が運営しているコミュニティスペース

補足：同社屋1階部分は、地元産品の販売、カフェの機能を持ち、コミュニティの場として利用されている。カフェでは、地元の旬の食材を使った地産地消メニューなどが提供され、六次化商品の開発にも一役買っている。
出所：北嶋撮影。

(4) エネルギーの政策の継続性

みやま市のエネルギー政策では、当初に取り組んだ市長（首長）が交代しているが発展的に施策を継続出来ている。みやま市では政策の継続のため、「みやま市循環のまち宣言」を制定しているほか、環境基本計画や実行計画等の長期的な行政計画に地域新電力との連携を明記することで継続を担保している。また、みやまスマートエネルギーはみやま市から1,100万円の出資以外、補助金など市から一切の資金的支援を受けていないことも、事業の継続性では重要であるという。ヒアリング調査では、今後も市や地域との連携を図り、事業を30年、さらに40年と継続していくことが重要であるとのことだった。

2.5 エネルギーの地産地消に関する経営戦略論的考察

(1) 本論の目的

筆者は、機械振興協会経済研究所の研究プロジェクト（以下、本研究プロジェクト）[31)]にて、福岡県みやま市と岩手県葛巻町で再生可能エネルギーに関する取り組みの実態調査を行った。また、長野県の「諏訪圏工業メッセ2022」での諏訪圏の再生エネルギーの取り組みについても展示会視察で情報を収集し、さらに九州経済調査協会にて意見交換を行っている。そこで以下では、これらの地域での実態調査から浮かび上がってきた、先進地域での取り組みでも課題といえる「エネルギーの地産地消」について、筆者の専門である経営戦略論の視点から考察を行った。

(2) 経営戦略論的視点からの一考察

エネルギーの地産地消を推進するには、需要サイドである地域のエネルギー事情と供給サイドである地域での再生可能エネルギーの取り組みについて、需給環境を踏まえて推進する必要がある。つまり、再生可能エネルギーの取り組みは、地域のエネルギー実情≒地域のニーズ（需要）と地域のシーズ（供給）

31） この研究プロジェクトとは、機械振興協会経済研究所が2022年度に実施した「脱炭素社会における地域産業の再構築に関する調査研究事業」のことである。

に応じた取り組みでなければならないといえる。以下では、エネルギーの地産地消の実現に向けて経営戦略論、特にマーケティング戦略的アプローチから考察を行いたい。

エネルギーの地産地消とは、地域内で生み出した再生可能エネルギーで、地域内でエネルギーとして消費すること、であるといえる。マーケティングでは新しい商品やサービスを企画・開発する時の視点や発想の仕方として、ニーズ（市場、需要）志向か、シーズ（技術、供給）志向か、の二つがある。ある企業独自の技術や企画力を生かして新しい製品やサービス、事業を開発して、市場を新たに作っていくこと、がシーズ志向である。シーズ志向で生み出された製品やサービスは、生産者（供給者）目線で創り出されていることが特徴となる。そして、市場の消費者のニーズに沿って新しい製品やサービス、事業を開発して、市場を新たに作っていくこと、がニーズ志向である。ニーズ志向で生み出された製品やサービスは、消費者目線で創り出されていることが特徴となる。

地域内でのエネルギーの地産地消・エネルギーの循環を達成するためには、地域のニーズ（地域のエネルギー需要）と地域のシーズ（地域に適した発電方法の採用）を最適化させる必要があるといえる。みやま市でのヒアリング調査で、同市は再生可能エネルギーとして太陽光発電を選択しているが、太陽光発電以外の再生可能エネルギーの活用を考えなかったのか尋ねたところ、平野部（筑後平野）が広くて高低差が無いことから小水力発電は適さず、また木質バイオマス発電も平野部が多くて森林資源が少ないことから適さないと考え、したがって再生可能エネルギーとして太陽光発電を採用した、とのことだった。

本研究プロジェクトで筆者が実態調査を担当したみやま市と葛巻町という先進地域の再生可能エネルギーの取り組みをみても、現実的には①地域内のエネルギー需要が少ないこと（需要サイドの問題)、②生み出した再生可能エネルギーの送電のための系統網が整備されていないこと（インフラ問題)、そして、③ FIT で売電することで地域にエネルギーではないが経済性で還元していること（経済性)、でエネルギーの地産地消まで取り組みが進んでいないことが分かった。みやま市では、「循環のまち」を目指しているものの、現実的には地域で生み出した再生可能エネルギーをFITなど制度活用により経済性による地域への還元（還元方法は、各種施策の実施や地域通貨などを通じた地域住民への還元など）を行っている[32)]。

(3) 制度先行か、理念先行か

前述のように、筆者が実態調査を行ったみやま市でも、葛巻町でも、再生可能エネルギーを供給しているものの、そのエネルギーはFITという「制度」を通じて売却されている。そのため、エネルギーの地産地消、つまりエネルギーの需要とエネルギーの供給という需要と供給が、エネルギー自体では地域内で循環されていない。

エネルギーの地産地消に向けて地域内でエネルギーの循環を生み出すためには、電力系統の設備問題などインフラ問題の解消など具体的に乗り越える課題はあるのはもちろんだが、ここではその課題を乗り越えるための前提となる基本概念について、FITなどの制度整備が有効であるか（「制度」先行が効果的か)、地域における環境リテラシーの向上などが有効であるか（「理念」先行が効果的か)、について考察を行いたい。

関連する先行論考として九州経済調査協会の調査研究部次長である藤井学氏の論文（藤井（2019）[33)]）について、同氏にヒアリング調査[34)]を行った。藤井氏が論文を執筆した2019年当時と現在で状況は大きく変わっていないという。九州は、かつて太陽電池モジュールの量産工場が5社展開していたこともあり、太陽光発電普及の先進地であり、戸建て（10kW未満）と低圧事業用（10kW以上～50kw未満、※なお50kWは高圧）でピーク時には2割のシェアを有し

32) 第4回委員会での議論から（2023年2月28日、機械振興協会経済研究所会議室)。
33) 藤井学（2019)「求められる太陽光発電所のO&Mとセカンダリマーケットの成熟—九州発のO&Mビジネス確立を目指して—」『九州経済調査月報』2019年9月号、pp.12-22。
34) 九州経済調査協会へのヒアリング調査及び意見交換より（日時：2023年2月14日　11時00分～12時45分、場所：同会本部、対応：調査研究部次長　藤井学氏、訪問：北嶋守・機械振興協会経済研究所所長代理、粂野博行・大阪商業大学、近藤信一)。

ており、現在（2021年6月時点）でも全体で17%のシェアを有している（全体での九州7県の対全国シェアは16.8%）。九州は、普及先進地であるが、同時に契約トラブルなどトラブルの先進地でもある。FIT導入後に多くの事業者が、収益性（投資性、投機性）を求めてソーラー発電事業に参入している。かつて（FIT導入以前）は、シャープなど太陽光パネルメーカー主導で主に住宅用に発電システムが設置されていた。しかし、これらの太陽光パネルメーカーには非住宅用の発電システム設置の実績が少なく、ソーラー発電事業にはマンションや戸建て用で実績のあった大手事業者が参入するか、戸建てを主とする地方工務店が参入している。加えて、FITにおける買い取り価格が高額であったこともあり、これまで太陽光発電システムの設置施工の実績がない多くの事業者が投資や投機目的で参入することになった。FITにおける買い取り価格が高額であったことにより、企業の遊休地の活用や賃貸による土地活用などにより、ソーラー発電事業所が急増した。しかし、実績の無い企業の参入と、FIT後のソーラー発電事業所の急増により、その後は、設置・施工不良に伴う様々な問題が噴出することになった。

(4)　現代版の「論語と算盤」

筆者の実態調査によると多くの再生可能エネルギーの取り組みについて、経済的な採算を確保するためにFIT等の制度活用ありきで導入が行われている。先行論考で紹介した藤井（2019）の筆者である藤井学氏（九州経済調査協会）との意見交換でも九州において再生可能エネルギーの推進がFIT制度の活用を前提として進められてきたことが示されている。また、筆者が実態調査を行ったみやま市や葛巻町でもFITなど「制度」の活用が再生可能エネルギーの採算の要であることは否めない。

一方で、みやま市では、経済と環境とエネルギーの鼎立、さらに市民のリテラシーの向上と行動変容はこれからとしており、「理念」も重要であると認識しているといえる。藤井氏との意見交換、みやまスマートエネルギーへのヒアリング調査から、筆者としては「理念＋地域ニーズ（域内のエネルギー需要）

に則したかたちでの再生可能エネルギーの導入」が理想的であると考えている。本プロジェクトで設置された委員会の兼村委員によると、長野県飯田市ゼロカーボン推進課、おひさま進歩エネルギーは、高い理想（理念）を基にFITが導入される前（2004年頃）から再生可能エネルギーに取り組んできている、という[35)]。一方で、九州地域における再生可能エネルギー（太陽光発電）の普及はFITという制度の活用を前提とした取り組みであり、経済性重視の傾向が強いように感じられる[36)]。

一方、そうした中にあって、みやま市／みやまスマートエネルギーでは、エネルギーの地産地消を理念として掲げ、カーボンニュートラルや脱炭素などエネルギーコストが多少高くても、地域の再生可能エネルギーを優先的に考え、そのために市民の意識の向上、リテラシーの向上、行動変容などの啓発活動に努めている。その結果、参入する事業者も参入後にカーボンニュートラル認証などを活用して、販売の促進や知名度の向上などブランディングに活用するなど環境経営（環境ビジネス化）に取り組んでいる。だが、殆どの低圧電力の事業所は、FITという制度を活用することが前提であり、参入時点の動機は投資的、投機的である。

しかしながら、経済性からの参入は、入口は容易であるが、出口は困難であるといえる。経済性での参入は、数値目標（例えば再エネ普及率など）を主な目標に設定していることから経営戦略論的視点からは戦略経営と捉えることができ、そのためにはどうするのか（To DO）として、FITなどの「制度」を活用するといえる（人は必ず合理的に意思決定するという前提に立っている経済学ベースの制度理論）。そのため制度がなくなってしまうと、事業の継続が困難となり、持続性に課題が残る。一方で、理念からの参入は、入口は困難であるが、出口は容易であるといえる。理念からの参入は、非数値目標（例えば

35）兼村智也委員の意見より（2023年2月28日、第4回委員会にて）。詳細については、機械振興協会経済研究所（2023）所収、兼村智也「第2章 中小企業等による再エネへの取り組み 2.1 小水力発電への取り組み」を参照。

36）以下は、九州経済調査協会へのヒアリング調査及び意見交換に、筆者の所感を加えて、加筆修正した。

リテラシーの向上、意識改革と行動変容など）を主な目標に設定していることから経営戦略論的視点からは理念経営と捉えることができ、そのためにはどうあるべきか（To BE）として、啓発活動などを重視することになる（人は必ずしも合理的に意思決定するとは限らないという前提に立っている社会学ベースの制度理論）。そのためリテラシーが向上し、意識と行動が変容した市民や事業者は、制度が無くなっても事業を継続すること（そもそも制度の活用を念頭に置いておらず、制度は補助的に活用する）ができるため、持続性が担保される。そして、理念からの参入を推進するためには、インターナルブランディング[37]（ここでは地域内におけるSDGsへの関心や理解など）が必要であり、これらが達成させられることでエクスターナルブランディング（ここでは地域外への情報発信などによる地域の知名度向上など）に繋がるといえる。

但し、経済性からの再生可能エネルギーへの参入にしろ、理念からの再生可能エネルギーへの参入にしろ、各種のヒアリング調査から窺えるように、再生可能エネルギーの普及と取り組みの継続には前述した「経済性」と「理念」のバランスが重要であり、それは、まさに渋沢栄一の『論語と算盤』[38]であるといえるだろう。

37）経営資源には、ヒト、モノ、カネ、情報（インフォメーション）、ブランドの４種類があると言われており、インフォメーションとブランドは見えざる資源と言われる。伊丹敬之（『新・経営戦略の論理：見えざる資産のダイナミズム 単行本』1984年、日本経済新聞出版）によると情報は、①外から中に入ってくる情報（技術・生産のノウハウ、顧客情報の蓄積など）、②中から外に発信される情報（広告やPR、IR（投資家向け広報）、あるいは製品自体や営業や販売のための店舗、営業人材などを通じて企業から世の中に発信される情報）、③中から中に発信される情報（上司から部下、先輩から後輩へと受け継がれる情報、あるいは経営者から従業員へと発信される情報など）、に分けられる。②の中から外に発信される情報によって蓄積される経営資源としてのブランドが、企業の信用やイメージなどとなる（エクスターナルブランディングといわれる）。③の中から中に発信される情報によって蓄積される経営資源としてのブランドが、企業文化や組織風土、現場のモラルなどとなる（インターナルブランディングといわれる）。

38）「論語」とは道徳、「算盤」とは利益を追求する経済活動のことで、『論語と算盤』は、渋沢栄一の「利潤と道徳を調和させる」という経営哲学のエッセンスといえる（渋沢栄一著・守屋淳訳（2010）『現代語訳 論語と算盤』筑摩書房）。

参考文献

浅利美鈴・矢野順也・平井康宏・酒井伸一（2012）「資源循環分野における地域循環共生圏展開について」『廃棄物資源循環学会誌』32(3): 221-233。

伊丹敬之（1984）『新・経営戦略の論理：見えざる資産のダイナミズム』日本経済新聞出版。

稲葉陽二（2005）「ソーシャル・キャピタルの経済的含意―心の外部性とどう向き合うか」『計画行政』28(4): 17-22。

環境省（2008）『循環型社会形成推進基本計画』（平成 20 年 3 月）

環境省（2018a）『エコタウンの歩みと発展』（2018 年 8 月）。

環境省（2018b『第五次環境基本計画の概要』（2018 年 4 月）。

機械振興協会経済研究所（2022）『脱炭素社会に向けた国内産業集積の発展戦略―再生可能エネルギー分野への中小製造業の参入状況を中心に―』。

機械振興協会経済研究所（2023）『脱炭素社会における地域産業の再構築―先進地域及び中小企業等の取り組みに基づいて―』。

北嶋守（2022）「日本の水力発電黎明期における知のネットワーク―先駆者たちの強い探求心と旺盛な起業家精神―」『機械経済研究』53: 1-20。

渋沢栄一（2010）『現代語訳 論語と算盤』（守屋淳訳）筑摩書房。

菅沼利和（2022）「地球温暖化を防止する自然エネルギー事業による地域づくり」（ヒアリング調査での入手資料）。

田中尚人・轟修・中嶋伸恵・多和田雅保・中尚人（2008）「風土に根ざしたインフラストラクチャー形成に関する研究―柿野沢地区の道普請を事例として―」『土木学会論文集 D』64(2): 218-227。

藤井学（2019）「求められる太陽光発電所の O&M とセカンダリマーケットの成熟―九州発の O&M ビジネスの確立を目指して―」『九州経済調査月報』9: 12-22。

諸富徹（2015）『「エネルギー自治」で地域再生！―飯田モデルに学ぶ―』岩波書店。

Coleman, J. (1998) “Social Capital in the Creation of Human Capital,” American Journal of Sociology, Vol.94, Supplement: Organizations and Institutions: Sociological and Economic Approaches to Analysis of Social Structure.,: 95-120.

Putnam, Robert. D. (2000) *Bowling Alone: The Collapse and Revival of American Community*, NY Simon and Schuster, 19.

第3章

地産地消型再エネ機器への挑戦

概　要

本章では、地産地消型再エネ機器の普及に向けて具体的な活動を行っている企業等の事例として、はじめに、小水力発電事業に参入している中小製造業や小水力発電機の開発を目指す秋田県のベンチャー企業の取り組み、次に、山形県真室川町の製材所におけるバイオマスボイラーを活用した地域経済循環への取り組みやバイオマスボイラーの普及のための地域アライアンスの仕組みについて各々考察し、最後に、秋田県湯沢市の地熱発電の活用状況について考察する。

3.1　小水力発電機器にみる地方発イノベーション

(1)　問題意識

再生可能エネルギー（以下、再エネとする）の1つである水力発電は発電時の CO_2 排出量は他の再エネに比べ最も少ない。また季節や天候による影響が少ない安定した発電源でもある。なかでも出力1,000kW未満の小水力発電は大規模なダム工事などを伴わないため環境負荷も小さく、河川や農業用水路の流れ、また治水ダムの放流水や水道管の水を利用するなど身近なところで活用が進んでいる。そこで発電される電力は公共施設の維持、災害発生時の非常用電源などに使われる例が多く、その収益を保育料の無償化に充てるといった地産地消型の活用がなされている。

開発余地も大いに残すことから今後の拡大が期待される小水力発電であるが、そこで使われる水車、発電機など機器の多くは海外製である。本来、これらの機器には国内製に優位性がある。なぜなら稼働後も定期的なメンテナンス、加えてトラブル発生時には迅速な対応が必要になる。その間の発電停止が長引けば発電事業者に収益機会の損失をもたらしてしまうからである。また発電地点に合わせた機器が効率的であるためオーダーメイドであり、「規模の経済性」が効かない。そのため地域の中小製造業に優位性がある。こうした優位性がありながら、多くの小水力発電事業者は初期投資の負担軽減のため安価な海外製を選択する[39)]。

そうした中で近年、品質はもとより価格面でも海外製に負けない機器をつくる国内の中小・ベンチャー企業が地方で登場している。地方でのこうした動きはエネルギー問題に貢献するばかりか地域産業の振興にもつながるものと期待される。

そこで、本節では、一般に「イノベーションは都市で起こる」（ジェイコブス 1986）と言われる中で、なぜ地方でこうしたイノベーションが可能になったのか、それは持続性のあるものなのかについて考察する。

(2) 地域発イノベーションの可能性と先行研究

こうした問題意識に対し、福嶋（2013）は「地域発イノベーション」を提唱し、地方だからこそイノベーションが起こるロジックを考察している。複数の事例を通じて、なぜ地方からイノベーションが起こるのか、地方であることが、企業がイノベーションを起こすにあたって、どのようなメリットをもたらすのかを以下の４つの要因としてまとめている。

要因①：地域にしかない資源・ニーズの活用

１つ目が、当該地域にしかない資源・ニーズを活用できることである。これが企業に競争優位をもたらす。ここでいう資源とは、地域に賦存された「天然資源」、歴史的に蓄積された「技術やスキル」、地域の天候や地形といった「自然条件」もこれに含まれる。さらに地域特有のニーズや厳しい顧客がいる地域

---

39) 小水力発電に関するより詳細な内容については、筆者の先行研究である兼村（2023）を参照されたい。

も、企業がイノベーションを起こす強みになるとしている。

要因②：資源の価値相対性と資源アクセスの有利性の利用

２つ目が、資源の価値が相対的に大きいことである。資源の価値は置かれた時間や空間によって変わる。地方は経営資源は少ないがライバルも少ない。そのため突出することが比較的容易である。また突出すれば、資源にもアクセスしやすくなる。例えば、政府の補助金は応募総数の多い東京よりも、少ない地方の方が採択されやすい。また地方は優秀な人材が集めにくいといわれるが、一定数おり、魅力的な雇用の受け皿をつくれば優秀な若者を採用することができる。

要因③：資源の研鑽

３つ目が、普通にある経営資源を研鑽し、突出して優れた資源に育て上げ、蓄積できることである。蓄積には時間がかかるし、それまで継続しつづける我慢強さが必要になる。これには愚直に継続できる人や組織があることが重要であり、それを許す環境がある（例：「周りの雑音」が少ない）ことが好ましい。

要因④：資源発掘

4つ目が、未だ気づかれていない、新たな価値につながりうる資源が多く眠っていることがある。

地域発イノベーションがこの４つの要因のうち１つだけに対応するわけではなく、複数の要因が絡んでいたり、時間の経過に応じて強く影響する要因が変化したりする。また当初は要因①や要因②が地域イノベーションの主要要因となっていたが、技術革新、他地域企業の模倣、価格競争などの環境変化によって徐々にそれだけでは競争優位が維持できなくなることもあるとしている。

ところで、再エネ機器の１つである洋上風力発電機の産業化について、北嶋(2012）は「情報の粘着性」という概念を使ってイノベーションの「場」の決まり方について言及している。それをみると洋上風力に恵まれた「自然条件」があれば、その「場」にメーカー（製品開発者）とユーザー（製品利用者）が接近し、そこで情報の交換や共有が行われる。そうした行為を通じて得られる情報はその「場」でしか得られない。すなわち「情報の粘着性」がみられ、結果、その「場」で製品開発（イノベーション）が起こるという指摘である。

本節で取り上げる小水力発電機器の場合でもいくつかの条件が付くものの、洋上風力と同様のことが言え、さらに製品開発者自らが発電事業者になるなど「場」を有効利用すればコスト削減にもつながることが明らかになっている（兼村 2023）。その点では要因①、その中でも地域にある「自然条件」という資源を活かしたイノベーションとなる。再エネ機器は自然の力を電力エネルギーに変換する装置で、自ずと自然が豊富に残る「場」、その「場」にアクセスしやすい地方に優位性があるということになる。

ところが近年では「場」を使わない、拘らない開発事例が地方でもみられる。なぜ、それが可能になっているのか。前記の通り、技術革新等で競争優位が維持できなくなる場合があるというが、これは要因①のメリットが消失していることを意味するのか、これが１つ目のリサーチ・クエスチョン（以下、RQ1とする）である。

一方、こうしたイノベーションは経営資源に限界のある中小・ベンチャー企業単独では困難である。その際、研究機関や関連支援産業など「支援者」が必要である。産業クラスターの概念によれば、こうした「支援者」が地域内に存在する場合、企業の競争優位性は立地要因に助けられる（原田 2019）。事実、筆者の先行研究（2023）では「支援者」となる大学研究者が地域におり、技術面のみならず販売面でも大きな役割を果たしていることが明らかになった。こうした「支援者」が地域に存在することもイノベーションにとって重要である。さらにそれが地方ということであれば、要因②の指摘にみるように、その支援がより受けやすい環境にある。

ところで、この「支援者」は初めから地域に存在する所与のものなのか、あるいは「自然条件」などとの係わりの中で生まれた後発的なものなのか。産業クラスターや産学官連携の概念図の中でもよくみられる「支援者」だが、その出生については明確ではない。これが「自然条件」などによるものであれば、企業のみならず「支援者」も育成するというメリットがあり、この支援を受けられることができる地域の優位性は依然、維持されていることになる。この点について検証することが２つ目のリサーチ・クエスチョン（以下、RQ2とする）である。

この２つのRQに応えるために以下では２つの事例を取り上げたい。１つ目は筆者の先行研究でも取り上げた(株)新井製作所（以下、Ａ社とする）[40]である。Ａ社は豊富な河川、急峻な地形に恵まれ、小水力発電導入件数が全国で最も多い長野県[41]の中小企業である。その環境のメリットを活かし、競争力のある水車の開発に成功している企業であるが、同時に地域の「支援者」も大きな役割を果たしている。

２つ目は東北小水力発電(株)（以下、Ｔ社とする）[42]である。Ｔ社は小水力発電についてはＡ社ほど恵まれた環境にはない。その点では「場」への依存は難しい環境にあるが、その中で新規参入を果たすベンチャー企業である。彼らがどのような製品開発を行っているのか。一方で風力・地熱発電など再エネ（関連）産業の振興に力を入れる秋田県にあり、そこからの支援も大きなことが想定される。

(3)　地方中小企業の参入事例

①　参入の経緯

最初に取り上げるのが小水力発電事業への参入から始めたＡ社である。設立は1954年、従業員40名、年商４億円であり、現・社長は五代目にあたる。Ａ社はもともと農機具製造として創業、その後、1968年、発泡スチロール成型向けの金型製造を開始した。しかし昨今の環境問題などから同事業の将来見

40)　ヒアリング調査実施日：2022年９月１日、10月14日および12月19日。
41)　経済産業省資源エネルギー庁「固定価格買取制度　情報公表用ウェブサイト」より。
42)　ヒアリング調査実施日：2023年６月６日。

通しも厳しく、新事業を模索していた。

その矢先、東日本大震災を発生、再エネへの期待が高まる中で自社の付近に流れる米子川に注目する。小水力発電は水利権など規制も多いが、この川には漁業権がない。条例的にも緩く、小水力発電の「場」として相応しい。そこで周辺企業4社との共同で、この川の上流にある砂防堰堤を使った小水力発電事業「米子川第一発電所」（表3.1・実績①）を2018年から稼働させ、300世帯分にあたる発電を開始する。

②　コスト削減、品質確保に向けた自社の取り組み

この発電事業を巡ってA社には当初から本業である製造業への波及、すなわち小水力発電に必要になる水車を製作していこうとする狙いがあった。再エネは社会的ニーズが大きい成長分野であることに加え、過去に回転軸を持つ製品の製造経験があり、その技術やノウハウを水車に活かせるのではないかと考えたからである。生産設備についても最大出力100kw以下の小型水車なら既存設備がそのまま使え、新たな設備投資を必要としない。また寸法公差も従来事業の金型と同様であり、これらはコスト削減につながる。

その際、自社で発電事業を営むこともコスト削減につながる。コストを下げるためには材料・部品調達の見直しがあるが、自社が“ユーザー”になれば、その適正・過剰品質がわかるからである。実際に稼働させながらの「場」での実証実験はコスト削減に有益となった。例えば、小水力発電機器は水中での利用のため、錆に強いステンレス材が使われる。しかし部位によってはその影響を受けない箇所もあり、そこについては安価な鉄製、アルミニウム製で十分である。

ここで得られるデータや知見を参考にすることで、不要な機能、余計な部分を省いた格安水車の設計・生産が可能になった。この背景にはA社経営者がコスト削減に対する意識を常々からもっていたこともある。従来事業では厳しい競争環境の中で常にコスト削減が求められていた。そのためコスト削減は「当たり前のこと」として捉えている。それが各工程でのコスト削減につながっ

表 3.1　A 社の水車受注実績

実績	稼働年	発電所名	事業地	最大出力	事業主体	受注のきっかけ等
①	2018	米子川第一発電所	米子川（長野県須坂市）の砂防堰堤を利用	100kw ×２台	（株）長野エネルギー開発（須坂市）	自社も参画（2022年に撤退）
②	2020	米子川小水力発電所	北の沢（米子川の支流：長野県須坂市）	20kw	F 建設工業（株）（長野市）	I 氏から紹介
③	2022	川床水力発電所	霧島山系の山麓、天降川水系普通河川石坂川	50kw	F 産業（株）（鹿児島市）	長野エネルギー開発関連から紹介
④	2023	塩野小水力発電研究所	灰野川（長野県須坂市）	30kw	A 社事業	自社発電・研究所
⑤	2024	芋川用水発電所（仮称）	芋川（長野県飯綱町）	40kw	長野県地域振興局	F 建設から受注
⑥	2023	不明（設置見込み）	不明（島根県）	20kw	個人事業	I 氏から紹介

注：2022 年末現在。
出所：A 社ヒアリングにより筆者作成。

ており、こうしたことがあまりみられない同分野の既存メーカーと A 社が大きく異なる点でもある。その結果、A 社製は海外製の価格７割、納期５割を実現している。「川床水力発電所」（表 3.1・実績③）では海外製が使われていたが、圧倒的に安い A 社製に切り替わっている。

小水力発電機器にとって導入コストを抑えることは重要だが、それだけでは売れない。製品である以上、その品質、水車で言えば高い設備利用率が求められる。それには水質も一定、水量もコントロール可能、水中への異物の混入もないといった管理された環境の中での研究だけでは不十分である。実際の河川の水では汚れや水質もまちまちで、そうした過酷・不安定な自然環境の中で水車は使われる。それに適合し、安定した品質、耐久性の維持のためには、前記した「場」での実証実験が必要になる。

ここでも自社が参画する「米子川第一発電所」（表 3.1・実績①）の発電事業

を活かし、その中で生じるトラブルを水車の改善・改良につなげている。例えば、米子川は酸性水のため、使用につれて金属が溶ける問題が起きた。その際、都度稼働を止め、補修して完成度を高めている。いわば「走りながら」の、試行錯誤しながらの製品開発になるが、このような取り組みは顧客の発電事業では許されない。自社事業だからこそ可能になったのである。もちろん、他の参画企業4社には機会ロスをもたらすことになるが、「利用率があがるのであれば」という理由で理解を得ることができた。その結果、水車の完成度は上がり、「米子川小水力発電所」（表3.1・実績②）の水車では一度も止まることなく稼働しつづけている。

③　大学研究者からの支援

これらの取り組みはA社単独で可能になったわけではない。A社には回転機の製造経験があるといえども水車の設計・製造経験は全くない。効率的な水車を設計・製造するためには流体・材料・機械力学の知識が必要になるが、こうした技術やノウハウはもちろんない。

そこで大きな役割を果たしたのが信州大学工学部の飯尾昭一郎准教授（以下、I氏とする）である。2016年、それまで部品加工の依頼で関係のあったI氏から力を借りることになる。前記した「米子川第一発電所」に設置された一号機・二号機は製品設計こそA社が行うものの、基礎設計はこれらの分野に知見をもつI氏に依頼している。

コスト面でも本来ならば自社で対応しなければならない基礎研究・設計を外部委託することで、研究開発費の削減にもつながった。利用頻度の低い解析ソフトや水槽・ポンプなどの流体力学にかかる実験設備を自社で揃える必要もなくなったからである。また「学」の知見を活用することで開発にかかる時間も大幅に削減できる。

加えて、I氏との地理的近接性の影響も大きい。資金力の乏しい中小企業の場合、「全てお任せ」というわけにはいかない。そのため頻繁に信州大学工学部との間を往来せざるを得なくなるが、その際、「近い」ということもコスト上のメリットになる。

さらに品質が優れていても、その製品や企業に「信用」がなければ受注できない。これには実績が必要となるが、新規参入ゆえにあるはずもない。この点についても「学」のもつ力を利用することができた。具体的には信州大学との共同特許の取得であったり[43]、I氏からのこれから発電事業を始めようとする企業の紹介である。I氏のもとにはそうした企業からの相談が舞い込む。この機会を利用し、新規事業者を紹介してもらう。「米子川小水力発電所」（表3.1・実績②）や（同・実績⑥）はそのケースにあたる。もちろん紹介するI氏はリスクを負うことになるが、それだけA社製品の品質に確信をもっているということに他ならない。民間事業者は「学」への「信用」が厚いゆえ、こうした「学」からの与信は購入しようとする後押しになっている。

④　地域からの支援

加えて地域からの支援もコスト削減に役立っている。A社は製造業であるが、自社は製品設計、2次加工（面ひき、微調整）と組立のみに特化して、部品加工については地域の企業に外注している。これにより自社の負荷、取引コストの軽減にも役立っている。

さらに「官」の力も活用している。地方における行政への「信用」は小さくない。A社では長野県が実施する「ものづくり大賞NAGANO」にエントリーし、2022年には「きらりと光る技術賞」を受賞した[44]。こうした「学」・「官」から「お墨付き」を得ることで、自社では発信困難な「信用」を他者からの与信で置き換えている。

⑤　A社の今後について

今後は自らも「信用」の強化を図る。そのため、自社単独で小水力発電事業

43）　特願2021-153354　名称：クロスフロータービン　共同出願：国立大学法人信州大学。
44）　ものづくり大賞NAGANO歴代受賞リスト、http://mono-n.com/monozukuri.html（2023年1月10日閲覧）。

を行い、合わせて研究機能をもつ「塩野小水力発電研究所」を2023年12月に稼働する（表3.1・実績④）。これまではデータ収集の「場」は他社との共同事業であったが、今後は自社の単独事業のため自由に活用できる。これにより机上ではない自然相手の実践的研究や実機・発電所の過剰設計（不要部分）の追及、それによるコスト削減の検討が常に行える。さらにユーザーとしての要求を基礎・製品設計にフィードバックさせていく。また顧客に対しても購入予定機を実際にみて確認をしてもらうとともに、動き出した機器が止まらない・止めさせない取り組みを実感してもらう。さらに各種許認可、地元管理区の調整、損益分岐点の見極めといった小水力事業全般のコンサルティングにも乗り出すことで事業全体から利益を捻出する仕組みを構築していく。

(4) 地方ベンチャー企業の参入事例

① 創業の経緯

T社の設立は2011年10月、資本金は3.15千万円、現在秋田県産業技術センターの一室に入居している。創業者である和久礼次郎氏（1952年生、以下W氏とする）は地元高校のラグビー部で活躍、卒業後、東京の大学で経営学を学び、就職は地元テレビ局に入社するものの東京支局に配属となり、東京での生活が続く。その後、地元に戻り様々な職種を経験した後の40歳過ぎ、新エネルギー導入のコンサルタント会社を設立する。その当時、地球温暖化の影響で地球上に大きな諸問題が発生し、CO_2削減が緊急の課題となっており、風力発電・太陽光発電・小水力発電等を導入が迫られていたためである。

同時に、小型風力発電事業を手掛ける経営者と知り合い、自身のコンサル業の傍ら、その風力会社の営業担当も任されることになる。そこで風力における流体解析技術の重要性を知る。折しも2007、08年頃、風力の普及に向けた人材育成を図ろうとする政府がNASA（米国航空宇宙局）が使う最先端の風力解析技術の研修プログラムを開催、参加者を募集した。この風力会社も応募したところ採用され、若手社員を中心に2ヶ月間、現地で研修を受ける機会を得た。

その数年後の2011年、T社が創業されるが、きっかけとなったのは同年に起きた東日本大震災である。この惨状をみるにつけ、Ｗ氏の人生観が激変する。震災によって多くの人々の人生に突然のピリオドが打たれたが、残された者として社会や家族に対してささやかでも貢献がしたい。また津波は大災害をもたらしたが、これをパワーに変えることができないか。そうした思いから小水力発電の可能性について調べると国内に多くの未開発適地が残されていることがわかった。ただ普及のネックになっているのは参入の際にかかる経費であり、特に設備について海外製の価格に比べ国内製が高いことがあった。Ｔ社資料[45)]によれば、その理由は「水力発電の条件は、個々の河川ですべて異なるため、それぞれの発電所に最適な水車の形状も違う形になる」ためであり、「従来のやり方は、発電所の設備変更をする際、小型の模型を作って水車内の水流や水圧を測定する試験を実施した。試験の結果を踏まえ、水車の形状を検討した。但し、小型とは言え実際の設備を作るので数千万～数億円の費用」がかかるためである。

この問題を克服するために、風力発電で活用している解析技術を小水力発電で必要になる試験や模型の替わりに使えないか、これがＷ氏のアイデアであった。

②　流体解析技術とは何か

この流体解析技術（三次元流れ解析：Computational Fluid Dynamics：CFD）とはどのようなものか。Ｔ社資料[46)]によれば「発電所が立地する河川の流量や水車ランナの形状等の条件をコンピュータに入力することで、水車内の水流や水圧を三次元でシミュレーションすることができる」ものである。さらに「本技術を用いれば、どれくらい発電効率が向上するのか解析できるため、設備更新の際、水車を発電所ごとに最適化」でき、「コンピュータ上の条件を変えるだけで、水車内の任意の箇所の水流や水圧を測定できる。従来、必須だった発電所建設前の模型試験が必要なくなり、大幅なコスト削減ができる」とし

45)　Ｔ社提供資料「東北小水力発電株式会社　事業概要と目指すもの」（2023年５月）。
46)　脚注45)と同じ。

ている。その結果、小水力発電の新設・改修において最適な構造を低コストで提供可能となるのである。

但し、このソフトを使いこなすには相当の技術がいる。W氏は技術者ではなく、代わりになる人材確保が必要になる。幸運にも、NASAで研修を受けた風力会社の元・同僚3名が入社してくれた。もちろん、その研修経験だけでは不十分であり、そこで創業当初は人材育成に力が入れられた。具体的には、彼らを仕入先の解析ソフト会社の勉強会に派遣したり、そこから紹介を受けた早稲田大学・宮川和芳教授にも指導を依頼した。同教授からは彼らの能力も認められ、継続的な指導につながるなど技術面で大きな役割を果たすことになる。

③　行政からの支援

このように人材育成に力が入れられたが、それが受注・販売につながらなければ意味がない。こうした製品にはその性格上、実績や信用が必要になるが、創業したばかりのT社にはそれがない。そこで大きな役割を果たしたのが行政（秋田県）である。秋田県は2011年5月、「地域資源」を活かした「秋田県新エネルギー産業戦略」を策定、再エネの導入を積極的に進めるとともに、洋上風力、地熱など国内最大級の新エネルギー供給基地を目指していた。同時に発電所の保守管理や部品製造などの関連産業による県内への経済効果を最大限にできるよう、こうした企業の支援に力を入れている[47]。

T社の受注1号機「にかほ市土地改良区」（表3.2・①）にも秋田県の支援が大きな役割を果たしている。土地改良区での小水力発電事業に関しては国からの手厚い補助金があり、そのため改良区の自己負担は小さい。固定価格買取制度（以下、FITとする）を使えば、それも数年で回収でき、その後は改良区の収入になる。そのため県も同事業の導入を積極的に進めており、申請に必要な煩雑な書類作成等も改良区に代わって行っている。同改良区もその一つであるが、発電に必要な設備の業者決定は競争入札で行われる。本来、この決定権

47)　美の国あきたネット、https://www.pref.akita.lg.jp/pages/archive/65844（2023年10月3日閲覧）。

表 3.2　T 社の販売実績（①～⑤）と納入予定（⑥～⑧）

発電地	発電開始日	発電事業主体（目的）	発注先（顧客）
①秋田県・畑野小水力発電所	2016 年 5 月	にかほ市土地改良区（FIT）	にかほ市土地改良区
②奈良県・御所浄水場	2017 年 4 月	奈良県水道局（自家消費）	民間企業
③岐阜県・鎌瀬用水清流発電所	2019 年 3 月	岐阜県土地改良事業団体連合会（FIT）	民間企業
④山形県・西川町大井沢地区	2018 年 11 月	山形県が西川町に譲渡	民間企業
⑤秋田県・仙平美郷本堂	2021 年 7 月（納入）	仙北平野土地改良区（FIT）	仙北平野土地改良区
⑥秋田県・西目上巾幹線用水路	2023 年 12 月（納入予定）	由利本荘市土地改良区（FIT）	由利本荘市土地改良区
⑦大分県・別府水力発電所	2023 年 7 月（納入予定）	大分県企業局（自家消費）	民間企業
⑧長野県・豊丘ダム発電所	2025 年 1 月（発電開始予定）	長野県企業局（自家消費）	長野県企業局

出所：T 社提供資料にもとに筆者加筆・作成。

者は事業主体である同改良区であるが、その選定についても県の意向が大きく反映されている。その中で価格は安いが、メンテナンス、故障時への対応などが懸念される海外製ではなく、国内製、しかも地域の企業である T 社製が採用されたのである。

秋田県外の②～④の実績については発電事業主体から委託を受けた民間企業からの受注で、機器の最適化が図れること、納期の短さが決め手になっている。その中で④の山形県について隣県であること、そして W 氏の熱意や人柄も受注の理由にあるようである。行政の支援は受注面だけにとどまらず、生産面でもみられる。T 社は研究開発業務を中心とする従業員 4 名のファブレス企業である。そのため生産はアウトソーシングとなるが品質を高めるために、いかに同分野に実績のある協力会社を探し出すかが重要になる。そうした情報についても秋田県企業局から取引実績のメーカーを紹介してもらっている。自治体の企業局では自らが自家消費用の小水力発電を手掛けるところが少なくなく、またその歴史もある。そうした中で信頼のおける有力なメーカーについての情報をもっており、T社では水力発電メーカーとして30年の実績をもつ企業の紹介を受け、そこに生産委託している。こうしたメーカーは自社ブランドでも生産・販売を行っている。そのため単なる外注先であれば関係は長続きしないが、相手先にもT社と取引するメリットを与えている。設備更新の際、顧客から稼働率向上の要請があった際、彼らにそのノウハウはないが、その際、CFDをつかった設計で、その要請に応えているのである。

④ 地域金融機関からの支援

ところで、この解析ソフトの購入には高額な資金が必要になる。またT社は創業時から3名の若手人材を雇用しているが、1号機の受注（2016年稼働）までの資金繰りはどのようになされてきたのであろうか。T社は新規創業のため、他事業に依存することもできない。当初はW氏の私財で補填していたが、それも限界があり、2013年から自ら地域の金融機関を回り始める。なかなか十分な支援が得られない中、最後に辿り着いた県内で一番預金規模の小さい秋田県信用組合から支援を受けることができた。同信組が支援に踏み切った理由としては、T社はそれまでみられたメガソーラーや洋上風力のような県外からの大資本によるものではなく、地域で生まれたベンチャー企業であること、その成功で生まれる富は地域内で循環すること、同信組では従来産業に代わる新しい産業を地域に育てたいという思いがあり、T社の事業は同信組が目指す「地方創生」と一致していたためである。また事業性についてもW氏、そして3名の若手人材からの説明を受け、その可能性や将来性を感じたためである。さらに参考意見を同信組の取引先製造業者から聞いたところ、T社に対する評価が高かったことも支援に踏み切る決断を後押した。

しかし支援に必要な資金は一地方信組の限界を超えていた。そこで同信組の理事長自らが上部団体である全国信用協同組合連合会に対して資金面での支援を要請、その結果、同信組から1億円、同連合会から1億円、合わせて2億円が得られ、これが「ターゲットファンド」[48]として2015年に組成された（名称：秋田元気創生ファンド投資事業有限責任組合）。一方、このような支援を行う以上、財務面から経営状況をチェックすることが必要である。そのため同信組では月に１回、W 氏同席のもと経営者会議を開催し、T 社からリアルタイムで経営状況の報告を受け、助言を行っている。

⑤　産学官の共同開発

以上、T 社の創業経緯やその間の支援者についてみてきたが、新規の開発についても余念がない。2017 年８月、新エネルギー財団から補助金を受け、早稲田大学、秋田県とともに「新型水車」の共同開発に取り組んでいる。小水力発電は水量とその落差によって発電エネルギーが決まるが、それが大きく変動すると発電できなくなる。従来は設計時の水量の 30％以下になると発電が難しかったが、「新型水車」では 15％に減っても発電が可能になる。それにより従来では採算が合わなかった場所でも導入できる可能性が高まる。この補助金を受けるにあたっては「新型」であるがゆえ実証実験が義務づけられている。そこで、その場所の提供を秋田県から受け、2021 年１月から仙北市の県営・鎧畑発電所（最大出力計 1.57 万 kw）を使った実証実験が始まっている。鎧畑発電所は上流部にある玉川ダムや鎧畑ダムの放水量が少ない場合、稼働せず、年間の１／３は停止していた。ここに置かれる実証機は最大出力 49kw、年間発電量は一般家庭の 40 世帯分（年間 13 万 kw 時）の発電量が見込まれ、鎧畑や玉川発電事務所で使用される。この「新型水車」について 2022 年７月、長野県企業局の豊丘ダム発電所のプロポーザル方式公募に第１号機（出力 182kw 新型フランシス水車）が採択されており、2025 年１月発電開始予定となっている（表 3.2・⑧）。さらに沖縄県、青森県、岡山県、長野県の各企業局などから新たに相談が舞い込むなど今後の普及・拡大が見込まれている。

48）特定された個別案件（企業）への投資を目的に組成されるファンド。

⑥　T 社の今後について

W 氏によれば現状、累損も残り、単年度の収支もまだ厳しい状況にあるという。しかし前記した受注見通しもあり、今後についても地球環境問題に加え、昨今の資源・エネルギー高、経済安全保障への対応として再エネへの社会的ニーズの高まりは続く。その際、多くの可能性を残す小水力発電分野の中で、より優れた機器を提供する T 社にかかる期待は大きい。こうした企業が地方に生まれることは低迷する地域経済の振興にもつながることは言うまでもない。そのためには優れた商品開発の継続、それに必要な設備の更新、つまり資金の確保が必要になる。W 氏とともに「夢」をもって働く若手人材にも自社株の一部を譲渡し、事業承継の準備も進められているが、将来的にはその体制を維持しながら資本力強化のための上場や M&A も視野に入れている。

(5)　小括と示唆

①　「自然条件」がイノベーションに及ぼすメリット

以上にみた2つの事例を通じて、本論で設定した RQ1・2に応えたい。まず RQ1 については T 社にみるように「場」、つまり実証実験に依存しなくても価格競争力のある水車の開発が可能になっている。これは流体解析技術によるもので、こうした水車[49]については要因①の1つである「自然条件」というメリットが失われつつある（図 3.1・点線矢印①）。福嶋（2013）の指摘通り、技術革新で競争優位が維持できなくなっているのである。

それならば、なぜ秋田でこのイノベーションが起きたのか。その理由として豊富な事業・創業経験をもつ W 氏の出身がこの地であったことに加え、秋田が洋上風力など再エネへの取り組みに盛んな地域であり、そうした環境の中で東日本大震災の津波から水の力に「気づき」を得たことが大きい。津波は偶発的な契機であるが、地域の再エネへの取り組みは秋田にある「自然条件」から生まれたものである。つまり秋田でなければ起きない「気づき」であり、要因

49)　飯尾昭一郎氏から A 社のクロスフロー型水車と T 社のフランシス型水車では構造が異なり、それが実証実験の必要有無と関連しているのではないかとの指摘があった。

①のメリットは依然として残る。

さらに、その「気づき」をイノベーションにつなげる資源も秋田にあった。小水力の研究開発に役立つ解析ソフトを使いこなせる「技術やスキル」をもつ人の存在である。こうした人材を育成し、T社に供給したのは地域の風力会社であり、その会社が存在した理由も秋田沿岸部は「風が強く、降雪が少ない」という「自然条件」があったためである[50)]。この風力発電に適した「自然条件」が地域に「技術やスキル」をもつ人材を蓄積させ（図3.1・実線矢印②)、それが他の再エネ（水車）のイノベーションにつながった（図3.1・実線矢印④)。つまり技術革新により所与の「自然条件」が活かせるという地方のメリットが減少していても、そこから生まれる後発的な取り組み環境や「技術やスキル」という別のメリットが生まれ、トータルで見た場合、要因①のメリットは減じていない。「地域にしかない資源の活用」は依然強いのである。

この強さはRQ1だけに留まらない。RQ2についても同様である。A社のイノベーションに大学研究者が大きな役割を果たしているが（図3.1・実線矢印④)、「流体機械」の大学研究者の数は戦後、9電力体制へと集約が進むなか徐々に減少し、現在、全国で6名しかいない[51)]。その中の一人であるI氏が、なぜ地域の大学に在籍したのか。そのきっかけとなったのは大学工学部の改組である。信州大学では「信州の山岳や多様な動植物など恵まれた立地環境を生かし、環境研究の活発化や意識の高い人材を育てる『環境の信大』を目指す動き」[52)]が1998年から始まった。その一環としてエネルギーの効率的利用などの教育・研究を目的とした環境機能工学科[53)]が工学部に設置され、再エネに関する研究が始まった。I氏が大学に赴任したのも同時期で、これを契機に自身の専門

50）日本政策投資銀行東北支店・北都銀行「秋田県沖洋上風力開発を起点とする産業クラスターに係る調査」（2022年11月）p.39より。

51）飯尾昭一郎氏へのヒアリング調査（2023年11月21日実施）より。

52）信濃毎日新聞2009（平成21）年5月30日（土）朝刊28ページ広域1面6版より。

53）工業技術に関連する複雑な環境問題を解決していくためには、物質の変換や特性を制御して素材を作る物質工学と、素材から様々な製品を作り出す機械工学を融合した新しい学問が必要であるとの認識から設立された（https://www.miyama.net/pigeon/1999/02/post-15.php より)。(閲覧日：2023年11月25日)。

図 3.1 「自然条件」が直接的・間接的にイノベーションに及ぼすメリット

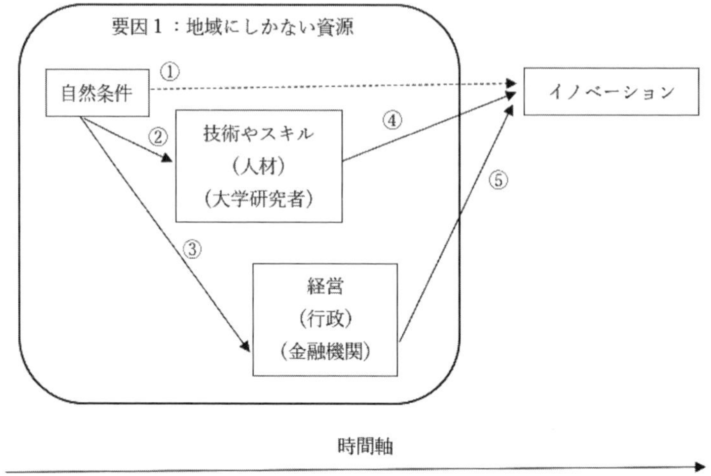

注：（　）は支援者を指す。
出所：筆者作成。

も「内燃機関」から「流体機械」にシフトすることになる。当初は風力発電が研究対象であったが、内陸の長野県では風力が弱い。そこで風車から水車に対象が変わっていき、2003 年、初の実証実験が隣県の山梨県都留市で行われた。ここでも「自然条件」が大学の周辺にあったからこそ、同分野の「技術やスキル」をもつ研究者が地域の大学に誕生したのである（図 3.1・実線矢印②）。

またＴ社が「技術やスキル」をもつ人材という「支援者」を獲得できたのも前記の通り、Ｔ社のある秋田沿岸部が風力発電の「自然条件」に恵まれた地域であったことが大きい。行政や地域金融機関という経営面での「支援者」も（図 3.1・実線矢印⑤）、その対象として再エネ関連産業が選択されたのは地域に「自然条件」があったためである（図 3.1・実線矢印③）。つまり地域の中小・ベンチャー企業のイノベーションのみならず、それにとって不可欠な「支援者」も要因①から生まれている。加えて要因②の指摘のように、地方であれば対象企業の希少性により独占的な支援が受けられることも確認された。Ｔ社でみたような特定企業向けのターゲットファンドは複数社あった場合、難しいことは明らかである。

以上にみるように要因①「地域にしかない資源・ニーズの活用」、その中でも「自然条件」は小水力発電分野のイノベーションについて直接的なメリットを及ぼしている。なかには技術革新により代替される水車分野はあるものの、「自然条件」から「技術やスキル」をもつ「支援者」や経営への「支援者」が新たな資源として地域に生まれ、それらが中小・ベンチャー企業のイノベーションに間接的なメリットも及ぼしている。このことから小水力発電機器のイノベーションでは地域の優位性は揺らがないことが明らかになった。

②　支援体制と技術の共通性

最後に本研究から得られた示唆について以下の2つを指摘しておきたい。1つ目は「支援体制」である。A社、T社によるイノベーション以前から、その地域に大学研究者、行政といった「支援者」が存在していた（図3.1の時間軸参照）。その結果、両社とも初期段階から技術面・経営面での彼らからの支援を受けることができた。これは経営資源の不十分な中小・ベンチャー企業にとって大きな力となる。それが可能になったのは地域の大学が早くから地域資源を活かした研究分野に注力し、研究者も同分野での研究を進めていたことがある。また行政においても早くから産業振興政策を策定し、同分野での企業の支援活動にあたっていたことがある。大学や行政といった公共性の強いセクターが「支援体制」の整備を始めれば、地域金融機関など民間企業もこれに追随してくる。以上の点から、地域資源を活用した企業・産業の萌芽・発展を目指すうえで、こうした公共的セクターが有望な地域資源を見極め、一足早くその準備を進めておくことが重要であると言えよう。

2つ目は「技術の共通性」である。つまり異なる再エネ分野の間にみられる技術の共通性である。本論でみたように風力・水力発電機に使われる風車・水車はともに「流体機械」という研究分野にあり、そこで使われる解析技術も同様である。であるからこそ、信州大学・環境機能工学科の研究分野が風力から水力に変わったり、また地域の風力会社で育った人材がT社で活躍することが可能になったのである。このように1つの再エネ分野で育った人材が他の再エネの振興に役立つことが確認された。これは特定の再エネ分野にとらわれることなく幅広い可能性をもつことを意味する。また再エネ分野にとって人材は共通基盤であることを示しており、こうした人材を育成していくことが地域に再エネ関連産業を定着・発展させることの一助になるであろう。

3.2 バイオマスボイラーを活用した地域循環の事例[54]

(1) 山形県真室川町の地域特性と地域資源

山形県真室川町は山形県最北部に位置し、北側は秋田県と接している（図3.2)。2020年時点における人口は6,514人、高齢化率は46.1%であり[55]、他の

図3.2　山形県の市町村と真室川町

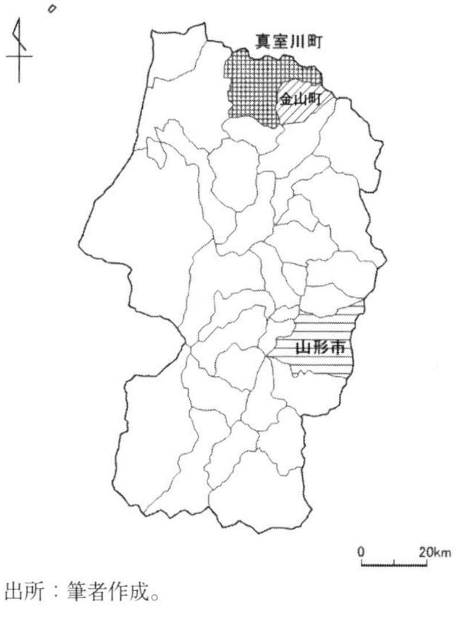

出所：筆者作成。

---

54)　当該内容に係るヒアリング調査は、真室川町役場では2023年2月9日15：00～16：30、庄司製材所では2023年1月6日10：00～11：00（ZOOM）及び2023年2月10日9：30～11：30に実施したものである。なお当該調査の一部は、高崎経済大学地域政策学部山本匡毅研究室で実施した環境省「令和4年度教育機関と連携した地域再エネ導入促進及び地域中核人材育成研修」事業の成果に拠っている。

東北地方の地域と同様に、人口減少と高齢化が進んでいる。とりわけ冬季は特別豪雪地帯に指定されるほどの豪雪地帯であり、年によっては最高積雪が250㎝を超える[56)]。

真室川町の最大の地域資源は森林資源である。町内は約86％が森林となっており、森林資源の豊富な自治体である。森林面積の約３万3,000haのうち、２万6,000haは国有林であって、実際に利用できる森林資源は6,406haとなっている。森林の樹種はほとんどが杉であり、広葉樹が混在している。

同町では林業の新規就業の促進のために、「真室川町元気な林業創生事業補助金」を交付するなど、林業の振興に努めてきた。これらから、真室川町にとって森林資源は地域資源であり、その活用が地域活性化において重要であると考えられる。この産業化を担っている企業として、製材業をコア事業とする株式会社庄司製材所（以下、庄司製材所）が町内に立地している点も特徴である。

本節では、山形県真室川町を事例として、まず庄司製材所によるバイオマスボイラーの活用について検討する。次に真室川町役場によるバイオマスエネルギーの活用と支援に関する取り組みを紹介する。最後に、真室川町における地域イノベーションの発生要因を明らかにした上で、真室川町におけるバイオマスボイラーの活用の可能性と課題を考察していく。

(2)　庄司製材所の木質バイオマス事業の取り組み

庄司製材所は、本社を真室川町に、工場を真室川町及び隣接する金山町に置く、真室川町の中核企業の一つである。同社は資本金2,000万円、従業員80人の企業で、1976年に創業した事業者である。同社は山形県で唯一の製材生産・出荷を行う製材所として県内を中心に事業展開しており、東北地方でも有数の規模を誇る製材所に位置付けられる。庄司製材所は、主に原木の仕入れから加工、市場である首都圏への出荷を担っている。原木は100％が杉材であり、その仕入れは町産材30％、町外の山形県産材50％、秋田県産材20％の割合で

55）　総務省統計局『令和２年国勢調査』による。

56）　真室川町『広報　まむろがわ』2020年３月25日号、p.3。

行っている。

製材業を営む同社は、木質バイオマス事業（以下、バイオマス事業）に注力してきた。同社がバイオマス事業へ参入した契機は、木材加工で排出されるバーク（原木の樹皮）の処理問題であった。2000年代に入り、製材業は環境活動家からバークの処理方法に対して批判を受けていた。この対応策を考えるために、2005年頃に庄司製材所代表取締役社長の庄司和敏氏（以下、庄司氏）がヨーロッパの視察へ行き、その際にオーストリアではバークとチップで木材乾燥をしていることに気づいた。ここに製材の先進地域では、木材乾燥燃料が石油から木へシフトしていることの気づきを得た。その足で庄司氏はスイスへ行き、バイオマスボイラーの主要メーカーであるシュミット（Schmid）社を訪問して、同社の社長に直接、バイオマスボイラーを発注し、自社にバイオマスボイラーを導入した（写真3.1）。

写真 3.1　庄司製材所で使用しているシュミット社のバイオマスボイラー

出所：筆者撮影。

庄司製材所にはシュミット社のバイオマスボイラーが4台導入されてい

る[57]。いずれも環境基準が厳しいヨーロッパ基準に対応している。バイオマスボイラーの燃料となるバークは、自社の木材加工で産出されるものを活用しており、エコロジカルなシステムを構築している（写真3.2）。

写真3.2　庄司製材所のバーク

出所：筆者撮影。

庄司製材所のコア事業は製材であるが、副産物である木材を活用したバイオマス事業を2006年から行っている。同社のバイオマス製品には、木質チップ（含水量30%以下）[58]、ペレット、バーク（自社用）、おが粉（おがくず）、薪（広葉樹、ブナなど）、焚き木（杉）がある（写真3.3）。これらの製品のうち、木質チップとペレットはすべて杉材の端材を使用している[59]。かかる製品は県内で90%以上のシェアを占めており、特にチップは県内行政機関にも供給している。例えば、山形県南陽市にある日本最大の木造ホールである「シェルターなんようホール」のバイオマスボイラーにも同社が燃料を供給している。

57）庄司製材所でバイオマスボイラーを導入したプロセスは次の通りである。2006年にウッドトラス金山（山形県金山町）にシュミット社製ボイラー導入、2009年に釜淵工場（山形県真室川町）へシュミット社製ボイラー導入、2014年に及位《のぞき》工場（旧及位中学校の施設を活用、山形県真室川町）へシュミット社製ボイラーを導入、2021年に大滝工場（旧大滝小学校の施設を活用、山形県真室川町）へシュミット社製ボイラーを導入した。

58）木質チップは燃料用のほかに、製紙用の木質チップも製造し、国内大手製紙メーカーへ納入している。

写真 3.3　庄司製材所で生産されるペレットの工程

出所：筆者撮影。

同社の木質チップとペレットの生産量は増加傾向にある。その理由の一つが、バイオマスボイラーで発生させた熱を熱交換器に通すことで夏季の冷房に活用できるようになったためである。さらにかかる動きを支援するように、山形県の実施している「モリノミクス」が追い風になった[60]。モリノミクスは現山形県知事である吉村美栄子氏の肝煎りの施策であり、2013 年にはやまがた森林（モリ）ノミクス宣言が出され、施策が明確化された。モリノミクスの中では、川中に位置する大型製材工場や木質バイオマス発電施設等の大口需要者に対し、県産材が安定的に供給されるよう、原木の安定供給体制の確立を目

59)　木材は 1 本の木が大きく A 材、B 材、C 材に分けられる。最も品質の良い A 材と、その次に品質の良い B 材は角材や板材に加工される。杉 1 本の製材工程から 50％から 55％が端材となる。それゆえ、建築用材には 45％、端材が 55％になる。残りの C 材は低質材であるため、山から直接、木質バイオマス発電所へ持っていくか、ペレットやチップに加工される。このように木材はすべてが加工に使用され、すべてを無駄にしないように利用されている。

60)　山形県が行うモリノミクスとは、「森林の多面的機能の維持との調和を大事にして、緑の循環システムを推し進めるなかで、地域の豊かな森林資源を「森のエネルギー」、「森の恵み」として活用して雇用創出を図り、地域全体の活性化につなげていく取組み」と定義している。出所：山形県ホームページ　https://www.pref.yamagata.jp/140023/kurashi/shizen/sinrin/morinomics/yamagata_morinomics/index.html（2024 年 1 月 28 日閲覧）。

写真 3.4　廃校を活用した事業所内の暖房用配管

出所：筆者撮影。

指すとされており、その支援が進められている[61]。

同社のバイオマス事業は、自社にとってもメリットになっている。庄司製材所の木材加工や社内の暖房では、自社内のバイオマスボイラーを活用し、効率化を図っている。社内の暖房では、同社が賃借または購入した廃校にバイオマスボイラーを設置し、その余剰熱を校舎内の配管を通じて建物の暖房に活用している（写真 3.4）。仮に自社のボイラー稼働を石油で行った場合、年間 5,000 万円から 6,000 万円のコストになる。これが自社の製造工程で産出され、製品価値のないバークを活用することで、大幅なコスト削減につながっている。

庄司製材所は本業である製材事業においてバイオマスボイラーを活用してきた。同社の庄司氏は、バイオマスボイラーの更なる活用を視野に入れている。ヨーロッパを視察すると、農山村の地下に 80℃の熱供給のためのパイプが設置されており、熱供給の仕組みがある。このシステムでは、地域の組合が設置され、そこが一冬分のチップを組合で生産あるいは購入し、貯蔵しておくこと

61）　山形県ホームページ　https://www.pref.yamagata.jp/140023/kurashi/shizen/sinrin/morinomics/yamagata_morinomics/index.html（2024 年 1 月 28 日閲覧）。

で、地域で熱供給のシステムを確立しているという。

そこで庄司氏は真室川町において地域内熱利用の計画を持っている。具体的には、真室川町の地域内に2DKサイズの住宅を建設し、お湯を地域内で循環させ、IHで暮らせる住宅地を建設したいと考えている。同氏は国や県がやらなければ、自社だけでも進めたいという思いを持っている。

この計画には、真室川町の元地域おこし協力隊であり、現在は一般社団法人雪と暮らし舎で移住支援を行っている梶村勢至氏も賛同している[62)63)]。梶村氏は、庄司製材所によるバイオマスエネルギーの取り組みを環境負荷の低い、低価格のエネルギーとして評価し、バイオマスエネルギーの地域内循環を希望するようになった。同氏によると、現状では真室川町町内に膨大な余剰熱が存在しているという。かかる地域資源を活用して、第一に熱を利用したい企業、工場、農業を誘致し、雇用の創出を図るとともに、第二にエコタウンを整備し、安価で環境負荷の低い熱エネルギーを用いて、冬季でも快適かつ健康的な暮らしの実現を目指している。

庄司氏の考えと梶村氏の考えは、バイオマスエネルギーの利活用における方向性で一致している。庄司氏によると、ヨーロッパの製材所は「製材事業」から、「地域熱エネルギーの供給事業」へシフトしているとしている。さらに庄司氏は、バイオマスボイラーから発生する余剰熱が「資産」であるとし、その資産の活用に着目している。山形県を含む寒冷地の農業では、ビニールハウスを用いた加温型の施設園芸が多く行われているものの、庄司氏はビニールハウスの暖房を化石燃料に頼ることはコストに合わなくなっている捉えている。これは梶村氏がバイオマスエネルギーを農業に使うという発想と同じ方向である。

庄司氏は規制が緩和されれば、地域内でのバイオマスボイラーによる地域熱の利活用が可能になるという見通しを持っている。また移住という面では、地域や住宅が暖かくなれば、人が来るとも見ている。資産である余剰熱は、バイ

62) この部分は、梶村勢至氏提供資料「真室川概論および地域再エネについて」を参照している。

63) 梶村氏は滋賀県出身の県外からの移住者で、地域おこし協力隊終了後は、移住者獲得のための様々な活動を行っている。その中で庄司製材所と協力して事業を進めている。

オマスボイラーから半径1,000mまで供給が可能である。逆説的に言えば、地域の拠点にバイオマスボイラーを置けば、余剰熱の利用可能性は高まる。庄司氏は、真室川町の基盤産業は林業であると認識していた。このような森林資源、バイオマスボイラーを起点とした地域資源を使って、真室川町の活性化に貢献したいということが庄司氏、梶村氏といった庄司製材所に関わる方々の思いである。

(3)　真室川町役場によるバイオマスエネルギーの活用と支援

真室川町は、林業を町のアイデンティティとして捉えている。同町では、その製品であるチップやペレットを活用したバイオマスボイラーを計画的に導入し、地域再生可能エネルギーの利活用に取り組んできた。

真室川町では公共施設へのバイオマスボイラーの設置を進めてきた。同町が開設し、指定管理者が運営している温泉施設兼宿泊施設である梅里苑では、2014年から館内の暖房と、温泉施設に使う源泉の加温にバイオマスボイラーを使用している。このバイオマスボイラーは、木質チップを燃焼して熱エネルギーを得るものであり、シュミット社（スイス、国内対応は巴商会）の「生チップ焚き温水ボイラー」を使用している。バイオマスボイラーを設置している場

写真3.5　梅里苑における木質チップの倉庫

出所：筆者撮影。

所の隣に木質チップを貯蔵する倉庫があり、最大で49.6立米を溜めることが可能である（写真3.5）。倉庫内の木質チップは3日間の運用に対応できるようになっている[64]。木質チップは倉庫からバイオマスボイラーへ自動供給されるため、係員の手間は大幅に軽減され、効率的になっている。なおここで使用する燃料の木質チップは、町内の庄司製材所が製造したものであり、梅里苑が同社から購入し、使用している。

もう1か所のバイオマスボイラーが真室川町役場に設置されている。真室川町役場は、2021年1月に供用を開始した新庁舎を使用している。新庁舎では、開設と同時にバイオマスボイラーを設置し、そこで得られた熱供給を通じて、庁舎内の暖房に供してきた。ここのバイオマスボイラーもシュミット社製（スイス）であり、株式会社巴商会が管理する「温水ボイラー乾燥チップ焚」のタイプを使用している。町役場のバイオマスボイラーの横にも木質チップを貯蔵する倉庫があり、最大で20立米が入る構造である。木質チップの倉庫からバイオマスボイラーまでは、梅里苑と同様に自動供給となっており、大幅な負担の簡素化が図られている。倉庫の木質チップは、基本的に2週間に1回ごとに町内の庄司製材所から木質チップをトラックで輸送し、搬入しているとのことであった。

かかる仕組みは、真室川町や県内の森林資源を活用して木質チップを町内の庄司製材所が生産し、その木質チップを町役場や梅里苑で使用するという地域内の資源循環を実現する形になっている。地域内で生産した財の地産地消は、脱炭素への対応のみならず、非基盤産業の活性化という観点から地域経済活性化に寄与していると考えられる[65]。

真室川町のバイオマスエネルギーの施策は、町民向けにも拡大している。町民がペレットストーブや薪ストーブを購入する場合、ペレットストーブまたは

64）梅里苑の担当者によると、当該バイオマスボイラーでは灰の排出量が極めて少なく、運用がしやすいとのことであった。

65）非基盤産業とは、域内消費になる産業のことである。非基盤産業と基盤産業については、山本（2016）、pp.58-59を参照のこと。

薪ストーブの購入及び設置費用の3分の1（ただし上限は10万円）を助成する補助金制度が整備されている。また町内におけるバイオマスボイラーの設置については、補助率10分の1、上限20万円で助成が行われる。その他にも町内事業者がバイオマスエネルギーの利活用を進める際の支援を行っており、例えば、庄司製材所が製材事業やバイオマス燃料の製造を拡大する際に、廃校となった旧大滝小学校、旧及位中学校等を無料で貸与したり、廉価で売却するといった支援を行ってきた。

真室川町役場によるバイオマスエネルギーの活用と支援は、派手さはないものの、地域住民や地域企業のニーズに応えるべく、着実な施策を進めてきていた。また町役場に関係する公共施設へのバイオマスボイラーの設置を進め、バイオマスエネルギーの利用を促進するとともに、地域資源である森林資源の地域内循環を活用した地域経済活性化に貢献していることが示された。

(4)　地域イノベーション発生要因の理論的検討

山形県真室川町は過疎地域であり、地域内に大企業や大学などは立地していない。このような地域で、木質バイオマスを用いたボイラーが普及した背景には、知識の移転があった。これを理論的に説明できる枠組みとして、グラノベッター（1973）による、「弱い紐帯の強さ」を提示した社会ネットワーク論がある。またマスケルとマルムベルク（1999）では、「近接性（proximity）」という概念から地理的な近接性によって対面接触が粘着知識の移転を促すことを示している[66)]。さらにイノベーションの創造では、パットナム（1993）の社会関係資本（ソーシャル・キャピタル）もイノベーションのための相互学習を促進させる特性を有している理論枠組みである[67)]。

真室川町における木質バイオマスボイラー普及の契機は、庄司氏のオーストリアとスイスの訪問であった。庄司氏は、元々、ヨーロッパと強いネットワークを持っていたわけではない。それにも関わらず、庄司氏がヨーロッパを訪問

66）水野（2011）、pp.59-72。
67）野澤（2020）、p.25。

表 3.3　地域イノベーションの類型

名　称	特　徴
①－A技術基盤構築型地域イノベーション（ハイテク型）	政府が中心となって政策をデザインし、大学などの先端技術分野の研究開発を支援して、イノベーションの創出を目指す取り組み。 例：シリコンバレー。
①－B技術基盤構築型地域イノベーション（ローテク型）	必ずしもハイテク分野ではない技術を基盤としたイノベーション創出の取り組み。 例：ニッチ分野、ものづくり系、食品、農林水産業など。
②リビングラボ型地域イノベーション	現代社会が抱える多くの課題に対して、ステークホルダーが協働し、研究開発を進めるための取り組み。新たな技術開発を社会実装するために、特定の空間においてユーザーのデータを得ながらイノベーションの創出を目指す。
③地域埋め込み型地域イノベーション	地域社会が抱える多様な課題を解決するために、新たな制度やビジネスモデルを創造する社会イノベーションの創出を図る取り組み。
④地域活性化型イノベーション	地域内の組織を中心に関係を構築し、地域の資源を活用した内発的にイノベーションの創出を目指す取り組み。イノベーション・マネジメント論で定義されるような厳密な意味での新奇性や社会変革を問わない。

出所：野澤（2020）p.47 をもとに筆者改変。

し、バイオマスボイラーの視察を行い、新たな知識を獲得した背景には、製材業におけるバークの処理方法に対しての批判があった。かかる批判への対応を原動力として、庄司氏はヨーロッパに弱い紐帯を構築した。このネットワークを通じて、木質バイオマスボイラーの社会的機能と設備の技術を把握したのである。

庄司氏が獲得したバイオマスボイラーに関する形式知と暗黙知は、地域内で共有することで、地域イノベーションを促進した。その際に鍵になったのが、「近接性」である。庄司氏はまずは自力で自社の工場や建屋内に木質バイオマスボイラーを設置し、運用を始めた。これが地域内で普及していく契機となったのは、真室川町地域おこし協力隊として着任した、町内在住の梶村氏とのネットワーク、及び真室川町役場の理解であった。かかる地域内での庄司氏の思いは、梶村氏に共感され、形式知と暗黙知が庄司氏から梶村氏へと伝播した。

さらに町役場も庄司氏から間接的な影響を受けて、バイオマスボイラーを役場の関連施設に導入していった。これらの動きは、イノベーションのための相互学習を促進させる特性を受けた社会関係資本の効果であるとも解釈できる。

ここまでの一連の動きは、地域イノベーションの一種である。地域イノベーションは、野澤一博によれば、「地域社会を豊かにするために、地域において地域の企業や大学及び行政などの諸組織が連携することによりイノベーションを創出すること」と定義される[68)]。地域イノベーション・システムは、広域かつ企業や機関が立地している地域を想定しているが、真室川町のような小さな過疎自治体であっても地域イノベーションは創出可能である。野澤（2020）によれば、地域イノベーションの類型には５つあるとされる（表3.3）。そのうちの地域活性化型イノベーションは、「地域内の組織を中心に関係を構築し、地域の資源を活用した内発的にイノベーションの創出を目指す取り組み」であり、「イノベーション・マネジメント論で定義されるような厳密な意味での新奇性や社会変革を問わない」ものとされる[69)]。またこの関連概念として、ローカルイノベーションも示されており、「ローカルとは非都会的で県よりも狭い空間範囲」であり、そこで「農林水産業や地場産業に関わるイノベーションの取り組みが多い」とされる[70)]。

真室川町におけるバイオマスボイラーのイノベーションは、地域社会を豊かにするための取り組みであり、企業、市民、行政が連携したイノベーション創出であったことから、地域イノベーションの一つに位置付けられる。その中で真室川町における地域イノベーションは、地域内の組織によって、地域資源である木材を活用している点で、地域活性化型イノベーションである。そして、それは中山間地域という非都会的な地域で行われる林業を起点とするイノベーションであることから、ローカルイノベーションともいうことができるであろう。

68)　野澤（2020）、p.41。
69)　野澤（2020）、p.47。
70)　野澤（2020）、p.48。

(5) 今後の方向性と課題

山形県真室川町は、本節で示したように、地域の製材所を起点として、バイオマスボイラーの活用が進められ、それが町役場の取り組みへとつながってきた。真室川町のバイオマスボイラーの活用は、地域企業、自治体それぞれが間接的に連携しながら地域資源である森林資源の域内循環をもたらし、地域経済活性化に結び付けていた。

確かに真室川町の取り組みは、庄司製材所では自社内の熱利用という独自の取り組みであり、また町役場では公共施設へのバイオマスエネルギーの利用ということで、利用施設数が限られており、いずれも社会的にあまり目立つ存在ではなかった。しかしながら、庄司製材所の熱利用と余剰熱の利活用の考え方、あるいは町役場のバイオマスエネルギーの支援と活用は、実際の取り組みと比べて、十分な評価がなされていないように考えられる。真室川町におけるバイオマスボイラーの活用は、地域の森林資源を活用しているという脱炭素という観点からも、地域企業から町民や自治体へ木質チップやペレットが供給され、地域イノベーションを通じて地域経済活性化に結実しているという側面からも一定の評価がなされても良い事例である。

真室川町におけるバイオマスボイラーの活用がさらに社会的な評価を高めるためには、いくつかの課題が残されている。第一に庄司製材所の取り組みと町役場の取り組みの連携である。これまで庄司製材所と町役場は、バイオマスボイラーの活用について、各々が最大限の努力を図ってきており、燃料供給や施設活用の面では連携を進めてきた。庄司製材所と町役場の持つ潜在力は大きいものの、人口6,500人ほどの自治体で資源を分散させることは、バイオマスボイラー活用の潜在力を最大化する上で課題となる。庄司製材所の取り組みと町役場の取り組みをさらに一層の連携を深め、一体的なバイオマスボイラーの活用が期待される。

第二にバイオマスボイラーの面的な活用である。庄司製材所の庄司氏や雪と暮らし舎の梶村氏は、住宅、農業、産業への地域熱エネルギーの供給に期待をしている。日本ではバイオマスボイラーによる熱供給を通じた地域整備の事例は、岡山県真庭市や岩手県紫波町など、まだ少なく、全国的にも先進性がある取り組みである。かかる事業は、町役場としてはすぐに受け入れられる施策ではないかもしれない。それでも、先進事例の政策を参照しつつ、地域熱供給や利活用の真室川町モデルを構築することは、条件不利地域の一つの活性化モデルになり得る可能性を有している。

本節で繰り返し言及したように、山形県真室川町における庄司製材所によるバイオマスボイラーの活用の取り組みは、目立たないものであるものの、地域イノベーションとして先進的な取り組みである。同町の事例は、将来的に拡張余地のある取り組みであることから、これらがさらに発展し、真室川町においてバイオマスボイラーが普及していくかが今後の課題である。

3.3　バイオマスボイラーの普及を促す地域アライアンスの事例

(1)　神戸バイオマスラボによる木質バイオマス熱利用への取り組み

①　神戸バイオマスラボの概要

2022年12月にオープンした神戸バイオマスラボ（以下、神戸ラボ）は、徳島地域エネルギーの中心事業の１つである[71)]。同団体ではこれまで徳島市を中心に上記のような複数の再エネ分野に関する事業を展開してきたが、今後はこの神戸ラボを拠点にした「木質バイオマス地域アライアンス」に係る事業の全国展開に注力する（図表3.3参照）。木質バイオマスボイラーでは、チップ製造（川上）から消費（川下）までのバランスのよい発展が必要となる。そこで、同団体ではETA社製のバイオマスボイラーをただ単に販売するのではなく、対象地域の概ね50キロ圏内の地元の人々がバイオマスボイラーを利用可能にするためのアライアンス（同盟）を結成することを推奨している。また、

71)　2010年10月設立の任意団体・徳島小水力利用推進協議会を母体に、2011年12月産官学民からなる任意団体・徳島再生可能エネルギー協議会が設立された。同協議会では、環境省補助事業「地域主導型再々可能エネルギー事業化推進事業」受託し、太陽光・風力・小水力・木質バイオマスの四部会で活動開始したが、その後、地域主導型の再生エネルギーの自主事業や委託事業の実施組織として設立されたのが同団体である。同団体の活動概要の詳細については、同団体のホームページ http://www.tene.jp/（2023年11月14日閲覧）を参照。

図 3.3　木質バイオマス地域アライアンスの概念図

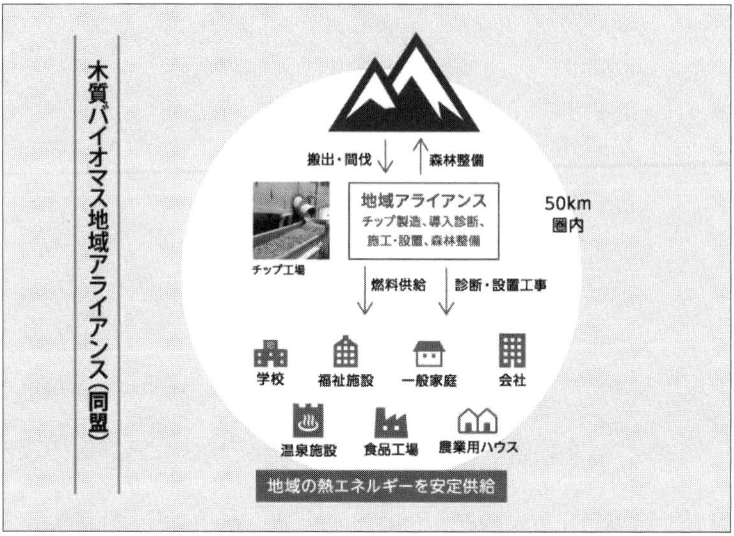

出所：同団体 HP より。

そのための研修やコンサルテーションも実施している。例えば、2017 年にバイオマスボイラーを設置した山梨レイクウッドゴルフの場合では、オーナーに加えて、エンジニア、燃料供給者、電気設備、配管設備会社、県研究所、行政（県）、建築士、コーディネータといった多種多様な人々によるアライアンスが形成されている。

②　同団体の木質バイオマスボイラーの導入実績

これまで同団体が手掛けた木質バイオマスボイラーは、全国 15 カ所にのぼるが、これらは全て発電用でなく熱利用を目的としたチップボイラーである（表 3.4 参照）。神戸バイオマスラボでは、その普及促進に向けて、木質（チップ）バイオマスボイラーの試験、導入に向けた

研修・講義などを実施する。また、敷地内には木質バイオマスボイラーの燃料となるチップを乾燥させるため設備などが整備されている（写真 3.6 参照）。

表 3.4　徳島地域エネルギーのバイオマスボイラー設置状況

①さくら診療所（デイサービス事業所） 2012 年　50kW × 2 台（100kW） 徳島県吉野川市
②フラワーマーケット花由（花温室） 2016 年　50kW × 1 台（50kW） 徳島県徳島市
③佐那河内バイオマスラボ（自社ラボ） 2016 年　50kW × 1 台（50kW） 徳島県佐那河内村
④レイクウッドゴルフクラブ 2016 年　50kW × 5 台（250kW） 山梨県北杜市
⑤野原産業（農業用コンテナ） 2017 年　45kW × 1 台（45kW） 熊本県熊本市
⑥喜多方ガーデンホテル 2017 年　50kW × 2 台（100kW） 福島県喜多方市
⑦ハイランドファーム東濃（エビ陸上養殖施設） 2019 年　50kW × 1 台（50kW） 岐阜県瑞浪市
⑧上勝バイオ（椎茸温室） 2019 年　130kW × 1 台（130kW） 徳島県上勝町
⑨藤原造林（本社事務所） 2018 年　40kW × 1 台（40kW） 山梨県甲斐市
⑩ Allmende 木手刃（宿泊訓練施設） 2019 年　20kW × 1 台（20kW） 滋賀県長浜市
⑪ふもとっぱらオートキャンプ場 2020 年　60kW × 4 台（240kW） 静岡県富士宮市
⑫東急リゾート蓼科ゴルフコース 2019 年　130kW × 2 台（260kW） 長野県茅野市
⑬温泉館きよら 2019 年　250kW × 1 台（250kW） 熊本県南小国町
⑭串間温泉いこいの里 2019 年　350kW × 2 台（700kW） 宮崎県串間市
⑮平戸市森林組合（椎茸温室） 2020 年　500kW × 1 台 200kW × 2 台（900kW） 長崎県平戸

出所：当団体 HP より。

写真 3.6　敷地内にあるチップ乾燥設備・奥はバイオマスラボの建物

出所：筆者撮影。

③ ETA 社の木質バイオマスボイラーとの出会い

同団体がETA社のバイオマスボイラー（写真3.7参照）を手掛けるようになったきっかけは、同団体理事の知人の大学教授（専門は林学）の紹介による。同団体では2012年にETA社と提携し乾燥チップボイラーの輸入代理店としての営業を開始している。バイオマスボイラー分野ではオーストリア企業の国際競争力は非常に高く、ETA社のほかにもフローリン社やハーガスナー社といった主力メーカーがリンツ近郊に集積している。そして、近年、これらオーストリア企業の日本市場への進出が増加する傾向にある。ETA社社長はフローリン社からスピンアウトして創業したこともあり、日本市場開拓に積極的であったことも同団体がETA社と提携する端緒となった。

写真3.7　ETA社のバイオマスボイラーの外観例

出所：同団体HPより。

④ 木質バイオマスの意義と燃料の留意点

同団体では「木質バイオマス総合講座」を開設しているが、その中で木質バイオマスの意義について、以下にように規定している。①化石燃料に代替し、CO_2を大幅に（ほぼ100%）削減する。②燃料費を化石燃料の約半分に削減できる。③エネルギー安全保障になる。④持続可能な森づくりに貢献し、森の吸収量を増やす。⑤燃料費が地元経済に循環する（アライアンスが重要）。一方、バイオマスボイラーの燃料については、以下の3つの留意点を挙げている。①チッパは切削式のチッパを必ず使うこと。②燃料の計上、含水率（35%以下、理想は25%）が最も大切。③ボイラーのトラブルの9割は燃料問題。以上である。

⑤　木質バイオマス熱利用の利点

日本国内では総エネルギー消費の15%程度が家庭で使われており、その50%以上を占めるのが給湯や暖房のための熱利用である。木質バイオマス熱利用では、これを電気やガスではなく、どの地域でも地域内で調達可能な再生可能資源である木質バイオマスボイラーで賄うことを目指している。その利点を挙げると以下のようになる。

第一に、未利用木材、剪定枝、竹などの地域の森林資源をチップやペレットにして活用するが、これらを燃やしボイラーから出る熱をそのまま使うためロスが殆どないといった利点がある[72)]。第二に、石油、石炭、天然ガスなどの化石燃料に比べて安価な上、化石燃料を燃やさなでいいためCO_2排出量を劇的に削減することが可能になる。第三に、木の伐採、チップ化、運搬、ボイラーの設置、稼働、メンテナンスまでの全てのプロセスを地元の人々や企業で行うことで雇用創出効果もある。第四に、電気代や石油代として大企業や海外に流れてETA燃料費を地域内で循環させることが可能になるため、還元費用を森林の保全に役立てることも可能になる。

72)　熱効率に換算した場合、木質バイオマス発電が約30%であるのに対して、木質バイオマスボイラーは95%と非常に高い。

⑥ オーストリア製バイオマスボイラーを選択した理由

同団体がオーストリア製のバイオマスボイラーの代理的となった最大の理由は、オーストリア製の方が日本製よりも優れていると判断したからである。オーストリア企業にはバイオマスボイラーに関する抱負な技術蓄積と長い開発の歴史がある。

そのため、地域で総合的に木質バイオマスボイラーを稼働させるためのビジネスモデルが確立されている。現在、ロシア・ウクライナ戦争の影響を受けてオーストリア企業へはドイツからのバイオマスボイラーの注文が殺到している。こうした状況からもオーストリア製のバイオマスボイラーの品質・性能・価格競争力の高さを窺い知ることができる。

さらに、オーストリア製のバイオマスボイラーは高性能で安価であるため、そこで生み出された利益を還元することができる。例えば、チップボイラー50W の場合、850 万円の投資導入で約 300 万円程度が海外へ流出するが、その10 倍以上の約 3,800 万円が国内効果となり、地元へは最大 3,400 万円が還元される計算になる（表 3.5 参照）。

表 3.5　チップボイラー 50W（コンテナ型 850 ～ 1,000 万円）の計算例

輸入価格 仕入代	約 250 万円～ 300 万円	⇒これだけが海外へ
付加部品	100 万円	⇒日本国内へ
工事費・設定費	300 万円	⇒地元へ
費用削減 15 年	1,200 万円	⇒設置者へ
燃料購入費 15 年	1,500 万円	⇒チップ事業者へ
メンテナンス 15 年	300 万円	⇒メンテ事業者へ
CO_2 削減 15 年	6,046 円× 50t ／年　450 万円	⇒社会へ

出所：同団体提供資料に基づいて作成。

ところで、こうした地元への利益還元率の高さを生み出すことが可能になる背景には、オーストリア製のバイオマスボイラーの QCD（品質、コスト、納期）が優れているだけなく、木の伐採、チップ化、運搬、ボイラーの設置、稼働、メンテナンスといった木質バイオマスボイラーの継続的な利用に必要な全てのプロセスを地元の人々や企業で行うことを可能にする木質バイオマス地域アライアンスの仕組みがビジネスモデルの存在がある。換言すると、こうした木質バイオマスボイラービジネスのノウハウとその普及拠点である神戸ラボを有している点に同団体の強みがあると言える。

⑦　神戸ラボでのセミナー開催

2022年12月に神戸市有野町に開設した神戸ラボでは、早速、兵庫県主催の高校生を対象とした環境セミナーが開催された。同セミナーでは、午前中は乾燥システムとバイオマスボイラーの見学とラボの研修室で北摂里山地域循環共生圏や木質バイオマスの利活用に関する講義、午後は有野町を離れ、実際にチップを生産している伐採現場やソーラーシェアリングを行っている農園、クリーンセンターなどの見学といった豊富なプログラムが組まれ、兵庫県が推進する環境政策に対しても貢献し始めている。同団体では、こうした神戸ラボでの研修やボイラー試験等を通じて地域アライアンスによるバイオマスボイラーの設置を推進し、チップや薪による熱利用を各地に定着させて行きたいと考えている。

(2)　産業クラスター及びコレクティブ・インパクトの概念による考察

①　産業クラスターとしての地域アライアンス

徳島地域エネルギーが神戸バイオマスラボを拠点に各地で推進している木質バイオマス地域アライアンスの仕組みは、地域内の多様なプレイヤーが連携して木質バイオマスによる熱利用を実現する活動であり、これは地産地消型の再生可能エネルギー機器の一種であるバイオマスボイラーを軸にした一種の産業クラスターとみなすことができる。マイケル・ポーターによれば、産業クラスターとは、「特定分野における関連企業、専門性の高い供給業者、サービス提供者、関連業界に属する企業、関連機関（大学、規格団体、業界団体など）が地理的に集中し、競争しつつ同時に協力している状態」を意味する[73)]。一方、同種の産業が地域的に集積している状態は、「産業集積」と呼ばれるが、この産業集積については、「1つの比較的狭い地域に相互の関連の深い多くの企業が集積している状態」と定義される[74]。笹野（2014）は、この産業集積と産業クラスターの定義の違いについて表3.6のように整理している。

表3.6　産業集積（伊丹）と産業クラスター（ポーター）の定義の違い

	産業集積	産業クラスター
主要なプレイヤー	企業	企業 関連機関 （大学、規格団体、業界団体、自治体、地域経済団体など）
プライヤー間の行為	企業間の競争（注1） 企業間の協力（注2）	企業間の競争 企業間の協力 企業と関連機関の協力

（注1）　定義には明示されていないが、企業間競争は当然存在する。
（注2）　定義には明示されていないが、企業間の協力は多くの場合に存在する。
出所：笹野（2014）p.16。

そこで、産業クラスターの特徴に基づいて、徳島地域エネルギーの木質バイオマス・地域アライアンスにおける具体的なアクターを示すと表3.7のようになる。この表から窺えるように木質バイオマスボイラーの産業クラスターでは、地域内の多様なプレイヤーが参加し連携しているが、プレイヤー間の競争は発生していない。よって、今後、木質バイオマスボイラーの地域アライアンスがイノベーションを起こし進化するためには、少なからず、地域内のプレイヤーである企業間の競争関係も必要になるものと考えられる。その意味では、木質バイオマスボイラーの地域アライアンスは、産業クラスター形成の初期段階の姿と言えるのではないだろうか。

73）　この定義については、ポーター（1999）を参照。
74）　この定義については、伊丹敬之「産業集積の意義と論理」伊丹・松島・橘川編（1998）を参照。

表 3.7　地域アライアンスの木質バイオマスクラスター的特徴

	木質バイオマスクラスター
主要プレイヤー	オーナー、燃料供給者、エンジニア、電気設備会社、配管設備会社、建築士 研究所（県）、行政（県）、コーディネータ
プレイヤー間の行為	プレイヤー間の協力

出所：徳島地域エネルギー提供資料「木質バイオマス総合講座 その1 里山を宝に、薪ボイラーからチップまで」を参考に筆者作成。

②　コレクティブ・インパクトの視点

一方、こうした社会課題解決に重点を置いた地域ビジネスである木質バイオマスボイラーにおける地域アライアンスは、コレクティブ・インパクト（Collective Impact）の視点からも捉えることができる。コレクティブ・インパクトとは、米国のコンサルティング会社 FSG のボードメンバーである John Kania 氏と Mark Kramer 氏が 2011 年に発表した論文「Collective Impact」の中で提唱された概念で、行政や企業、NPO や自治体などの参加者（プレイヤー）がそれぞれの垣根を超えて協働し、さまざまな社会課題の解決に取り組むことで集合的（Collective）なインパクトを最大化すること、あるいはその枠組みを実現するためのアプローチとされる[75]。表 3.8 に示したように、地域アライアンスは多種多様なプレイヤーで構成されているが、彼らは木質バイオマスボイラーによって発生する熱エネルギーを地域内の設備で活用することで、林業の発展と地域エネルギーの観点から地域の脱炭素化を実践するといった共通の目的を持った活動体である。その意味では、彼らの取り組みは、まさにコレクティブ・インパクトのアプローチに基づく活動と言えるだろう。ところで、Kramer and Pfitzer（2016）は、このコレクティブ・インパクトを実現するために必要なものとして5つの要素をあげている（表 3.8 参照）。

つまり、木質バイオマスボイラーにおける地域アライアンスの活動をコレク

75）この説明については、ソフィアによる解説、https://www.sofia-inc.com/blog/9092.html（2023 年 12 月 11 日閲覧）を参照。

表 3.8　コレクティブ・インパクトの 5 つの要素

①「共通のアジェンダ」(A common agenda)：エコシステム参加者の間で、問題解決に関するビジョンや協働作業の必要性、あるいは課題・基本方針・行動計画等が共有されること。
②「共有された評価システム」(A sheared measurement system)：課題解決や計画達成等の成功について、具体的な指標について共通の認識を持つこと。計画や行動の調整に利用する。
③「相互に強化されるような活動」(Mutually reinforcing activities)：エコシステム参観者の強みや弱み、多様なステークホルダーの利害関係等を踏まえ、それぞれの活動が相互の強化されるようにイニシアティブをとること。
④「継続的なコミュニケーション」(Constant communication)：エコシステム参加者は、相互に信頼関係を構築し、また、それぞれの目的を調整してコレクティブ・インパクトを実現すべく、定期的にコミュニケーションをとること (engage in frequent and structural communication)。
⑤「専門の“バックボーン”支援」(Dedicated “backbone” support)：エコシステム構築の成功、あるいはコレクティブ・インパクト実現に向けて、プロジェクトを主導するような、独立した組織を構築すること。

出所：Kramer and Pfitzer (2016)。

ティブ・インパクトのアプローチとして捉えた場合、徳島地域エネルギーが2022 年 12 月に神戸市に開設した神戸ラボには、木質バイオマスボイラーの導入を予定している各地域の人たちに対して、こうした要素の必要性を理解してもらいながら、地域アライアンスづくりを実践していくための情報と知識を提供する役割が期待されているものと推察される[76)]。

3.4　地熱発電を活用した地域産業の事例[77)]

(1)　日本の地熱開発

日本は地熱資源が多い国として知られている。独立行政法人石油天然ガス・

76)　豊富な事例に基づく日本におけるコレクティブ・インパクトの進め方については、佐々木・横山・後藤 (2022) を参照。

77)　本節は、山本 (2023)、pp.179-191 を高崎経済大学地域政策学会の許可を得た上で、加筆・修正したものである。

金属鉱物資源機構（現エネルギー・金属鉱物資源機構、以下、JOGMEC）によると、日本の地熱資源量は2,347万kWであり、世界で３番目のポジションである[78]。このように豊富な地熱資源を有する日本であるものの、これまで地熱開発を積極的に推進してきたとは言い難い。その理由は、開発コストの他、地熱資源の多くが国立公園内などに立地し、開発に法的な制約が存在したためであった。かかる条件は、世界的な脱炭素の動きの中で見直しが進んでいる。

地熱開発の最も主軸となる地熱発電は、日本ではベースロード電源になる再生可能エネルギーとして注目を集めている。政府は2021年６月に公表した「2050年カーボンニュートラルに伴うグリーン成長戦略」の中で、地熱発電を成長分野に位置づけ、産業として育成する方向性を提示した[79]。政府の地熱発電の推進は、国の規制緩和につながってきた。

環境省は地熱開発の環境保全に対して、2012年３月に「国立・国定公園における地熱開発の取扱いについて」を公表し、さらに2015年10月には、同通知の改正を行った。さらに同省は、「国立・国定公園内における地熱開発の取扱いについて及び同通知の解説」を2016年６月に公表した。これらの規制緩和施策を通じて、地熱開発に当たり、国立・国定公園第１種特別地域、第２種特別地域、３種特別地域および特別保護地区内においては、自然環境の保全と地熱開発の調和が十分に図られるなど、真に優良事例にふさわしいものであると判断された場合において、第１種特別地域については、地表に影響がないことなどを条件に、地下への傾斜掘削の許可が可能になった。また第２種特別地域と第３種特別地域については、地熱発電開発の許可を得られるようになった[80]。

78）石油天然ガス・金属鉱物資源機構「地熱資源情報」による。なお第１位はアメリカで、資源量は3,000万kW、第２位はインドネシアで、資源量は2,779万kWである。日本を含めて、上位３か国はすべて環太平洋火山帯の上に立地していることが特徴である。https://geothermal.jogmec.go.jp/information/plant_foreign/（2024年１月28日閲覧）。

79）内閣官房ほか（2021）「2050年カーボンニュートラルに伴うグリーン成長戦略」pp.37-40。https://www.meti.go.jp/policy/energy_environment/global_warming/ggs/pdf/green_honbun.pdf（2024年１月28日閲覧）。

80）新エネルギー・産業技術総合開発機構ホームページによる。https://www.nedo.go.jp/news/press/AA5_101186.html（2024年１月28日閲覧）。

かかる国の規制緩和にもかかわらず、日本の地熱発電量は伸びていない。JOGMECによれば、2015年にはアメリカの発電量が16,600GWh/年（世界第1位）、インドネシアの発電量が9,646GWh/年（世界第3位）であったのに対し、日本の発電量は2,687GWh/年に過ぎなかった[81)]。この発電量は、世界第10位に相当する。また日本の地熱発電量は、2010年の3,064GWh/年から2015年にかけて減少した。さらに日本の地熱発電の設備容量で見ても、2010年に536MWから2015年には519MWに減少してきている。

このように日本の地熱開発は、地熱資源量に比して進んでいない状況が浮き彫りになってきた。なぜ日本では脱炭素に貢献し得る地熱開発が進まないのであろうか。地熱開発は国土開発問題と一体となって議論されてきた。しかし国家事業としての地熱開発は、本来の地熱開発にとって本質ではなく、むしろ地域資源としてのローカルな地域開発として、政策目標を設定する必要があるように考えられる。そこで本節は、秋田県及び秋田県湯沢市を事例として、日本における地域資源としての地熱発電の推進と、地熱の地域産業への活用を地域イノベーションを切り口に明らかにすることを目的とする。

(2) 全国の地熱発電所と秋田県の地熱発電所

日本には全国に地熱資源が存在している。しかしながら地熱発電所の立地は全国的なものではなく、地理的に偏在している。2020年時点では、日本で地熱発電所（小規模バイナリーを除く）が立地しているのは、北海道、岩手県、秋田県、福島県、熊本県、大分県、鹿児島県の7道県に過ぎない[82)]。そのうち、国内における都道府県別地熱発電量は大分県が最も多く、秋田県は日本で2番目の地熱発電量になっている（表3.9）。

秋田県内には2022年2月末現在、4ヶ所の地熱発電所が立地している（図

81） 当該部分は、石油天然ガス・金属鉱物資源機構「世界のこれから」による。https://geothermal.jogmec.go.jp/information/history/world.html（2024年1月28日閲覧）。

82） なおここには、近年、地域レベルで普及しつつある小規模バイナリー方式による地熱発電は含めていない。

表 3.9　都道府県別地熱発電量（小規模バイナリー発電を除く）

順位	都道府県	設備容量（kW）
1	大分県	163,950
2	秋田県	134,999
3	岩手県	110,999
4	鹿児島県	66,570
5	福島県	30,000
6	北海道	25,000
7	熊本県	1,995

出所：石油天然ガス・金属鉱物資源機構「地熱　geothermal　～地域・自然と共生するエネルギー～」をもとに筆者作成。https://geothermal.jogmec.go.jp/library/pamphlet/（2024 年 1 月 28 日閲覧）

図 3.4　日本の地熱発電所の立地（小規模バイナリー発電を除く）

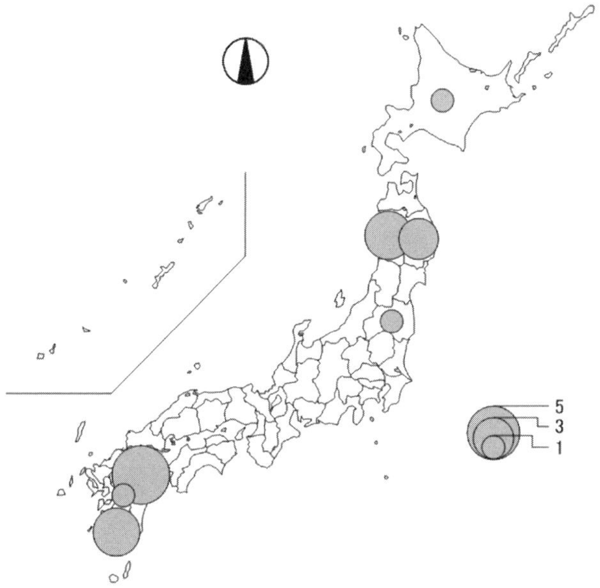

出所：石油天然ガス・金属鉱物資源機構ホームページ「日本の地熱発電」より筆者作成。https://geothermal.jogmec.go.jp/information/plant_japan/index.html（2024 年 1 月 28 日閲覧）。

3.4)。これは隣接する岩手県とともに秋田県には温泉資源が多く、地熱の熱源を多く有していることに起因していることが考えられる。特に湯沢市の高松岳はNEDO（新エネルギー・産業技術総合開発機構）の地熱調査の結果が良かった。それゆえ、湯沢市内には調査中のものを含めると、地熱発電所が5ヶ所に達している[83)]。

秋田県の地熱発電所のうち、湯沢市には2ヶ所の地熱発電所が立地しており、県内地熱発電所の半数が立地している状況である（表3.10）。湯沢市の地熱発電所は、調査中のものを含めて、自治体として誘致したものはないという。上の岱地熱発電所は、同和鉱業が事業化したものであり、運転は仙台から遠隔操作によっている。同発電所には市として関与はしておらず、地熱発電所に対する地元協議会も存在しない。また山葵沢地熱発電所も市の誘致ではなく、企業による独自事業である。同発電所は国立公園地区外に立地しており、地元協議会はない。他方で事業者である湯沢地熱は、地元に対して、情報提供や説明会への参加を行い、事業を円滑に進めてきた。同発電所の操作は遠隔操作方式に

表3.10　秋田県の地熱発電所

湯沢市：全国3番目（74,999kW）			
1	上の岱地熱発電所	1994年開設、東北電力、28,800kW、シングルフラッシュ方式	
2	山葵沢地熱発電所	2019年開設、湯沢地熱（三菱系）、46,199kW、ダブルフラッシュ方式	国内最新の地熱発電所
鹿角市：全国で4番目（59,750kW）			
3	大沼地熱発電所	1974年開設、三菱マテリアル（旧三菱金属）、9,500kW、シングルフラッシュ方式	県内最古の地熱発電所
4	澄川地熱発電所	1995年開設、東北電力、50,000kW、シングルフラッシュ方式	

出所：秋田経済研究所（2019）、湯沢市「湯沢市における地熱開発の取組み」、上田（1976）、石油天然ガス・金属鉱物資源機構ホームページ「日本の地熱発電」をもとに筆者作成。https://geothermal.jogmec.go.jp/information/plant_japan/index.html（2024年1月28日閲覧）。

83）2022年7月29日（金）9：00～10：10に秋田県湯沢市役所企画課に対してヒアリング調査を実施した。ここでは、その内容に拠っている。

なっており、湯沢市内で運転を行っている。

(3)　秋田県における地熱開発の歴史

先述のように秋田県は、全国でも有数の地熱発電所が立地している。この成果は、近年に始まったものではない。全国では1970年代から地熱開発による発電に注目が集まっており、秋田県においても同様であった。

秋田県では1972年度から県庁内に「地熱開発プロジェクト」チームを発足した[84)]。1974年には国のサンシャイン計画がスタートし、秋田県でも1976年には第四次総合開発計画がスタートした。この中で、同県のエネルギー確保のために、地熱資源の開発による発電を積極的に進めることとしていた。当初計画では、1985年の目標が秋田県内で地熱発電のみによって220,000kWと想定されていた。これは、当時の秋田県内の水力発電見込み（292,500kW）とほぼ同等の規模の見込みであった[85)]。

その後、1990年代の原子力発電ブームの中で国の予算がカットされ、地熱発電所の開設が抑制され、実質的には1996年に大分県九重町に開設された滝上地熱発電所を最後に新設が中断された[86)]。地熱発電所の新設が再開されたのは、近年であり、秋田県湯沢市に新設された山葵沢地熱発電所は、2019年5月に稼働開始した東北地方で最新の地熱発電所である。

(4)　秋田県における地熱発電所の新設計画[87)]

地熱賦存量が豊富な秋田県では、新規地熱発電所の建設計画が進められている。ここでは秋田県湯沢市における3ヶ所の地熱発電所の建設計画を紹介する。

---

84)　以下の部分は、上田（1976）、三村（1996）に拠っている。

85)　1976年時点では秋田県内の地熱発電所は、大沼発電所（現存、三菱金属（現三菱マテリアル）の社内発電、6,000kW、鹿角市）のみであった。なお当然のことながら、地熱発電量の当初計画は実現されていない。

86)　「日経産業新聞」2021年4月28日付。

87)　湯沢市役所企画課へのヒアリング調査に拠る。

① かたつむり山発電所（仮称、秋田県湯沢市）[88)]

かたつむり山発電所は、出光興産、INPEX、三井石油開発が共同で開発するものであり、運営は3社が出資した小安地熱が行う。2022年に着工し、2024年に運転開始を予定している。同発電所の総発電量は14,900kW、発電方式はダブルフラッシュ方式を採用する。

② 木地山地熱発電所（仮称、秋田県湯沢市）[89)]

木地山地熱発電所は、東北電力の子会社である東北自然エネルギーが建設、操業を行うものであり、2025年に建設に着工し、2029年の運転開始を予定している。地熱発電の方式は、シングルフラッシュ方式を採用する。同発電所は2010年から地熱資源の調査を実施しており、2021年から環境影響評価に入った。同発電所の設備容量は14,900kWになっており、発電した電気が東北電力に売電される計画である。

③ 矢地ノ沢地域地熱開発調査（秋田県湯沢市）[90)]

矢地ノ沢地域地熱開発調査は、地元企業であるA社（秋田県湯沢市）と大手金融系企業が合同で開発している事業で、2015年に調査を開始した。2022年には大手建設会社も事業に参画した。同地区は、2019年に掘削調査を開始したところである。今のところ発電所の計画は未定であるが、2,000kWの発電所の開設を目指して、調査が進められている。

---

88) 当該事例は、秋田経済研究所（2019）、湯沢市「湯沢市における地熱開発の取組み」https://www.enaa.or.jp/?fname=gec_2020_2_1.pdf（2024年1月28日確認）、資源エネルギー庁ホームページ「地熱エネルギーの宝庫・東北エリアで見る、地熱発電の現場（後編）」https://www.enecho.meti.go.jp/about/special/johoteikyo/chinetsuhatsuden_yuzawa02.html（2024年1月28日閲覧）、「日本経済新聞」2021年11月12日付朝刊に拠っている。

89) 当該事例は、「日本経済新聞」2020年11月18日付朝刊、湯沢市「湯沢市における地熱開発の取組み」、湯沢市へのヒアリング調査に拠っている。

90) 当該事例は、秋田経済研究所（2019）、ヒアリング調査、及び湯沢市「湯沢市における地熱開発の取組み」https://www.enaa.or.jp/?fname=gec_2020_2_1.pdf（2024年1月28日閲覧）に拠る。

ここで挙げた３ヶ所の計画地のうち、矢地ノ沢地域地熱開発調査は地域産業振興という観点から注目される。事業者のうち、A社は2005年に設立された湯沢市内に本社を置く企業である。当該事業における役割は、地域における合意形成となっている。このような地熱発電事業への地元企業の参画は、湯沢市内では初めてであるという。

このように秋田県では、特に湯沢市で地熱発電所の建設計画が進んでいる。このことは、世界の再生可能エネルギーへの注目に呼応したものであり、地域レベルの安定的な地熱発電への期待の表れであると考えられる。

(5)　秋田県における地熱発電所建設への課題

日本では東日本大震災後、ベースロード電源になり得る地熱発電への注目が集まってきた。しかしながら地熱発電所の建設は、課題も残している。地熱発電所の建設に係る大きな課題として、自然環境の破壊に関する問題がある。地熱発電の適地は国立公園、国定公園などの開発が困難な地域に立地しており、地熱発電所の建設は自然環境の破壊への懸念が残っている。政府は長い間に亘り、地熱発電所の開発を抑制していたが、2011年３月11日に発生した東日本大震災を契機として、再生可能エネルギーの推進に方針を転換し、2012年から段階的に規制が緩和されてきた[91)]。その結果、先にも示したように、国立公園、国定公園であっても、一定の要件を満たせば、地熱発電所の建設が可能になっている。

地熱発電所の建設による環境変化の外部不経済として、温泉の枯渇への危機感も課題として挙げられる。これまでの調査によると、海外では５ヶ国７地域において、温泉等への影響が確認されている[92)]。それらの事例は、日本よりも大規模な地熱発電であったり、還元井における適切な資源管理がなされていないことが要因となっていた。また国内では地熱発電開発では、社会における

91)　秋田経済研究所（2019）p.15.
92)　プレック研究所（環境省）「平成22年度　地熱発電に係る環境影響審査手法調査業務　報告書」pp.20-43。http://assess.env.go.jp/files/0_db/seika/0127_03/h22_05c.pdf（2024年１月28日閲覧）。

温泉枯渇の懸念が大きいことから、地熱発電開発に当たっては、地域貢献を通じて、地域社会の理解を深めることは大切である。

(6) 秋田県湯沢市の地域構造と地熱資源

秋田県湯沢市（以下、湯沢市）は、自ら「地熱のまち“ゆざわ”」を名乗り、先進的な取り組みを進めてきた（写真 3.8）。湯沢市は 2005 年 3 月 22 日に旧湯沢市、旧稲川町、旧雄勝町、旧皆瀬村が合併し誕生した自治体である。湯沢市の人口（2020 年）は 42,091 人であり、地区別の人口では旧湯沢市が 26,425 人、旧稲川町が 7,485 人、旧雄勝町が 6,183 人、旧皆瀬村が 1,998 人であった[93]。各地区の 2015 年から 2020 年にかけての人口減少率は、湯沢市全体で −9.7%であったのに対し、旧湯沢市が −8.6%の減少率であったものの、旧稲川町が −10.6%、旧雄勝町が −11.6%、旧皆瀬村が −14.1%であり、一部地域では人口減少率が 10%を超えているという地域課題が存在している。

経済の地域構造としては、旧湯沢市を中心地としており、旧稲川町、旧雄勝

写真 3.8 「地熱のまち“ゆざわ”」の看板

出所：筆者撮影。

93) 総務省統計局『令和 2 年国勢調査』。

町から旧湯沢市へ、旧皆瀬村から旧稲川町への通勤・通学流動がある[94]。しかしながら先述の通り、中心地である旧湯沢市の人口減少が進んでいる。また湯沢市の基盤産業は、農業・林業、鉱業・採石業・砂利採取業、建設業、製造業、医療・福祉、複合サービス事業、公務である[95]。これを修正ウィーバー法で補正すると、湯沢市の真の基盤産業は、農業・林業、建設業、製造業、医療・福祉であることが示された[96]。

湯沢市ではジオパーク、温泉などの観光資源を有しているものの、観光産業は基盤産業になっていない。むしろ伝統的に湯沢市で行われてきた農業・林業、誘致企業から発展してきた製造業、高齢化に伴い需要が増えている医療・福祉、公共事業による建設業が基盤産業として地域経済を支えている。かかる地域構造は、全国的な産業構造の転換の中で、地域経済の構造転換に向けた政策展開を迫られているものと考えられる。

ところで湯沢市は全国的にも地熱資源が豊富な地域である。湯沢市内には、小安峡温泉、秋の宮温泉郷、泥湯温泉などの温泉地を有している。このうち、小安峡には大噴湯があり、観光名所になっている（写真3.9、写真3.10）。また地熱発電との関係では、地熱発電所は宮城県、岩手県、山形県の県境にあり、高松岳という火山の中に立地している[97]。かかる地域資源は、見方を変えれば地熱資源に他ならない。湯沢市は、これらの地熱資源を地域産業振興に活用しようとしてきた。

湯沢市の産業は、観光産業のみならず、後述のように農業でも地熱を活用してきた。これらは地熱開発による外部効果である。それでも現状では地熱発電が湯沢市の基盤産業になっているわけではなく、地域構造と地熱資源の連関は十分なものとはなっていないものと考えられる。湯沢市の地域構造と地熱資源を連関させ、地域産業振興を図るためには、地熱発電と、地熱資源を活用した

94）湯沢市（2018）「湯沢市まちづくり計画」p.5. https://www.city-yuzawa.jp/uploaded/attachment/13123.pdf（2024年1月28日閲覧）。
95）総務省統計局『令和2年国勢調査』の就業者数をもとに特化係数を算出した。
96）修正ウィーバー法については、山本（2016）を参照のこと。
97）湯沢市役所企画課へのヒアリング調査に拠る。

写真 3.9　小安温泉郷の大噴湯の全景

出所：筆者撮影。

写真 3.10　大噴湯における温泉の噴出

出所：筆者撮影。

写真 3.11　皆瀬地熱利用農産加工所

出所：筆者撮影。

写真 3.12　地熱で殺菌する栗駒フーズ

出所：筆者撮影。

---

100)　範囲の経済とは、「複数の財・サービスを個別に生産するよりも、（筆者注：同じ投入要素を利用して）同時に生産した方が費用を節約できること」を意味している。（黒田・田渕・中村（2008）p.23）地熱発電の場合、地熱を用いて発電を行いつつ、副産物である熱水を使用して何らかの財やサービスを生産することを意味している。

しており、その熱エネルギーは財やサービスの生産に有用なものである。湯沢市も例外ではない。従って、地熱開発では熱水や蒸気のエネルギーを活用して、範囲の経済を通じた地域産業の形成を可能としている。

(9) 地域イノベーション発生要因の理論的検討

秋田県湯沢市は、地熱開発の最前線を担ってきた。かかる地熱開発が進んだ背景には、地域資源の利用範囲の拡大がある。すなわち、湯沢市では地熱開発としての発電のみならず、観光資源、農業、乳製品製造にまで地熱を利活用し、地域資源として有効活用をしていた。これは地域イノベーションを産業クラスターとして創出しているものと考えられる。

産業クラスターとは、経営学者であるポーターが生み出した理論枠組みであり、地域の競争力を生じさせる源泉を明らかにしたものである[101)]。ポーターは、「ダイヤモンドシステム」を中核概念に置いている。ダイヤモンドシステムは、要素条件、需要条件、関連・支援産業、企業の戦略・ライバル関係から構成されるもので、地域の競争力の源泉をなすものであり、かつイノベーションに影響するものであると捉えられている。

ポーターのダイヤモンドシステムについて、湯沢市の事例では、各々の構成要素を地域の資源や産業が満たしている（図3.6)。要素条件として、湯沢市には豊富な地熱資源が存在し、物理インフラとして、計画中のものを含め、全国でも屈指の地熱発電所が立地している。さらに人的資源では、発電関係者や農業関係者が多数存在している。資本面では、発電に関する民間投資のみならず、地熱利活用としての公共投資もある。需要条件では、地元顧客である野菜などの農産物需要、地域内外における脱炭素の電気への需要、さらに地域を中心とした新鮮な乳製品の需要がある。関連・支援産業については、民間発電事業者、地熱を有効活用する農業者、地熱を有効活用する牛乳製造業者がいる。最後に企業の戦略・ライバル関係では、電力事業者の脱炭素対応、地域農家の製品開

101） ポーターのクラスター理論については、松原宏編著（2013）『現代の立地論』古今書院、p.78による。

図 3.6　湯沢市のダイヤモンドシステム

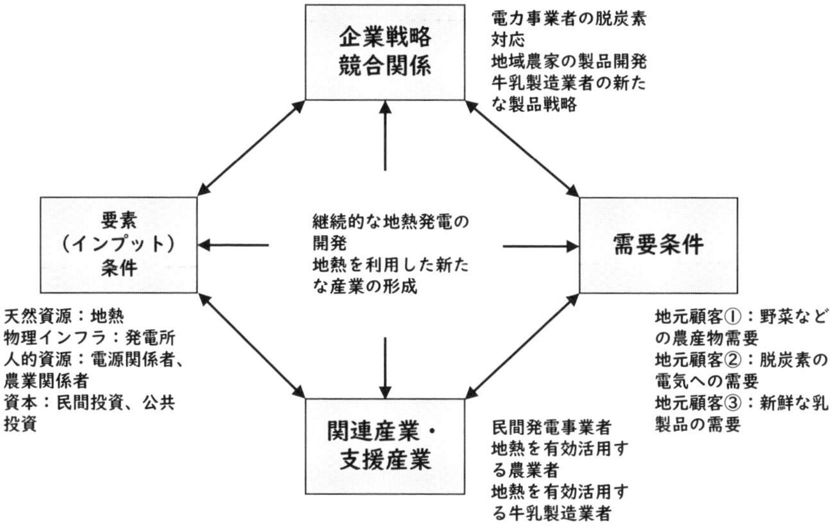

出所：松原宏編著（2013）p.79 をもとに筆者改変。

発、牛乳製造業者の新たな製品戦略がある。

このように、湯沢市はポーターのいうクラスターを形成してきた。このクラスターは、政策的、計画的なものではなく、発生プロセスとしては偶然集積に近いものである。しかしながら、地熱発電の開発の進捗とともに、地元事業者や農家は、地熱利用を積極的に進めてきた。さらに地熱資源を求めて、牛乳製造業者も立地し、クラスターの強化に寄与している。これらの主体が最適解を求めて立地行動を行った結果、湯沢市には地熱クラスターが形成され、その中で地域イノベーションが生じたと考えることができる。

この時、湯沢市の地熱に関する地域イノベーションは、先の真室川町の地域イノベーションとは異なることは、自ずと明らかである。真室川町の地域イノベーションが地域内の主体によるものであったのに対し、湯沢市の地域イノベーションは、地域内外の主体が関与している。そのため、湯沢市の地熱に関する地域イノベーションは、野澤（2020）における地域活性化型イノベーションだけではない。地域外の主体が地熱発電を通じた脱炭素のために研究開発をしつつ、地域内の主体が地熱発電を地域での活用を進める試みをしている点で、リビングラボ型地域イノベーションの性格も包含している。つまり、湯沢市の地域イノベーションは、複合的な地域イノベーションを実現しているものと考えられる。

(10) 小括

本節で検討してきたように、地熱開発は発電と産業振興を両輪として実施されている。そのうち、地熱発電は地域資源である地熱を活用したベースロード電源であり、全国へ供給している。しかしながら、秋田県湯沢市では、地熱発電の地産地消の検討が始まっており、地域に根差した地熱発電のあり方を考え始めている。これは国土開発としての地熱開発ではなく、地域資源の有効活用としての地熱開発を活かした地域産業政策への転換が進んでいることを裏付けている。

地熱開発を用いた地域産業振興も進んでいることが明らかになってきた。秋田県湯沢市は、熱水を農業や牛乳生産に活用していた。さらにかつて湯沢市上新田地区では、1989年頃に熱水を利用して食用魚であるティラピアを養殖しており、東北地方へ出荷していた[102)]。このように熱水を活用して、養殖事業の展開も可能である。

さらに地熱開発そのものの外部効果も明らかになった。ここまで指摘したもののほかに、地熱発電所の建設時には、湯沢市の場合、地元の建設業者を使用していた。また作業員は秋の宮温泉、小安峡温泉、あるいは市内の旅館やホテルに宿泊するという[103)]。従って地熱発電所の建設期間中という期間限定ではあるものの、経済効果が発生していると考えられる。

秋田県、特に湯沢市は地熱資源が豊富で安定しており、国家事業としての地

---

102) 秋田県（1989）p.14。湯沢市役所企画課へのヒアリング調査によると、現在では温水を用いた養殖は行っていないとのことであった。

103) 湯沢市役所企画課へのヒアリング調査に拠る。

熱開発としての地熱発電所の建設だけでなく、地域資源としてのローカルな地域開発としての産業振興への活用も進んできた。さらに地域資源である地熱から生み出された電力を域外に販売するだけでなく、地域エネルギーとして地産地消する動きも始まった。このことは、湯沢市の地域経済の自立を強化することに作用する。

地域で地熱開発を進める場合、従来型の「地熱発電所の立地」だけでは、立地地域が受ける恩恵は少ない。それゆえ、従来型の「地熱開発」は地域側のメリットが少なく、住民や自治体には受容をしにくく、建設計画が前進しにくかった。それよりも、地熱発電所の立地地域が発電した電気や副産物としての熱水を利活用することで、地域産業振興が進展する仕組みの提案が求められる。2024 年現在、世界的な脱炭素の動きの中で再生可能エネルギーである地熱発電への注目は高まっている。その中で、地熱開発が、地域の地熱で発電する電気と熱水を活用した産業を通じて、如何に地域産業振興を実現できるかが、その進展を左右している。

秋田県湯沢市では、地熱開発で地元企業が参入して、地熱発電所建設に向けた合意形成を丁寧に行っていた。このことは、地熱開発において、地域社会を重視していることを示している。地熱発電に限らず、ローカルな地熱開発において住民を尊重し、地域にメリットがある仕組みを地域内に作ることができるかが、地域産業振興のみならず、今後の地熱開発の方向性を決めるように思われる。

参考文献

秋田県（1989）「着々と実績が上がる県内の地熱開発利用」『あきた』32: 13-15。

秋田経済研究所（2019）「活発化する本県の地熱発電開発」『あきた経済』2019 年 8: 12-18。

伊丹敬之・松島茂・橘川武郎（1998）『産業集積の本質』有斐閣。

上田良一（1976）「秋田県の地熱開発について」『石油技術協会誌』41-6: 1-6。

江原幸雄（2012）『地熱エネルギー―地球からの贈りもの―』オーム社。

海江田秀志（2018）「海外における地熱発電の動向」『地質と調査』2018 年 2: 41-46。

兼村智也（2023）「小水力発電機器市場への中小企業の参入可能性―「学」がコーディネータの役割を果たす「信州モデル」を事例に―」一般財団法人機械振興協会経済研究所『機

械経済研究』53: 21-41。
北嶋守（2012）「風力発電機産業の潜在的競争優位性―再生可能エネルギーを軸にした国内機械産業の活性化―」小川正博・西岡正編著『中小企業のイノベーションと新事業創出』同友館（第5章所収）：107-130。
黒田達朗・田渕隆俊・中村良平（2008）『都市と地域の経済学［新版］』有斐閣。
斎藤幸平（2020）『人新世の「資本論」』集英社。
佐々木利廣・横山恵子・後藤祐一（2022）『日本のコレクティブ・インパクト』中央経済社。
笹野　尚（2014）『産業クラスターと活動体』エネルギーフォーラム。
ジェイン・ジェイコブス（1986）『都市の経済学―発展と衰退のダイナミクス』TBSブリタニカ。
塩﨑功（2019）「日本の地熱発電開発」『応用地質』60-3: 120-124。
諏訪亜紀・柴田裕希・村山武彦編著（2018）『コミュニティと共生する地熱利用―エネルギー自治のためのプランニングと合意形成―』学芸出版社。
中村進（1960）「地熱開発の問題」『燃料協会誌』39-11: 780-787。
野澤一博（2020）『イノベーションの空間論』古今書院。
原田順子（2019）「技術移転のサブシステム」一般財団法人放送大学教育振興会『国際経営』: 101-112。
福嶋路（2013）「地域発イノベーションの可能性」東北大学大学院経済学研究科地域イノベーション研究センター・公益財団法人東北活性化研究センター『地域発イノベーションⅡ東北企業の資源発掘・展開・発展』（はじめに所収）v-x。
松原宏編著（2013）『現代の立地論』古今書院。
水野真彦（2011）『イノベーションの経済空間』京都大学学術出版会。
三村鐐（1996）「秋田県の地熱開発利用の取り組み」『資源処理技術』43-2: 68-75。
山本匡毅（2016）「経済基盤分析」、藤塚吉浩・高柳長直編著『図説日本の都市問題』古今書院：58-59。
山本匡毅（2023）「地熱開発と地域産業―秋田県を事例として―」『地域政策研究』（高崎経済大学）第25巻第3号：179-191。
Granovetter, M. (1973) The strength of weak ties. American Journal of Sociology 78: 1360-1380.（大岡栄美訳（2006）「弱い紐帯の強さ」、野沢慎司編『リーディングス　ネットワーク論―家族・コミュニティ・社会関係資本―』勁草書房：123-154.）。
Kramer, Mark R., and Marc W. P. (2016) The Ecosystem of Shared Value, Harvard Business Review, October: 80-89。
Maskell, P. and Malmberg, A. (1999) Localised learning and industrial competitiveness. Cambridge Journal of Economic Geography 23: 167-185。
Porter, Michael E. (1998) On Competition, Harvard Business School Press.（竹内弘高訳（1999）『競争戦略論Ⅱ』ダイヤモンド社：70-71.）。
Putnam T. D., Leonardi R. and Nanetti R. (1993) Making Democracy Work: Civic Traditions

in Modern Italy, Princeton University Press.（河田潤一訳（2001）『哲学する民主主義―伝統と改革の市民的構造―』NTT 出版.)。

第4章

中小製造業の脱炭素市場への対応状況

概要

本章では、機械振興協会経済研究所が国内の中小製造業を対象に実施したアンケート調査結果に基づいて、第一に、中小製造業の再エネ分野への参入状況、第二に、中小製造業の新エネ市場等への参入状況、第三に、中小製造業の脱炭素経営への取り組み状況、以上の3つの動向に関する分析結果について概説した上で、最後に、中小製造業と脱炭素社会の関係について考察する。

4.1 中小製造業の再エネ分野への参入状況

(1) 実態調査の実施概要

機械振興協会経済研究所が実施したアンケート調査の実施概要は、下記のとおりである。

①調査名：「中小製造業の再生可能エネルギー機器市場への参入状況に関する調査」[104)]

②調査対象：中小製造業1,000社

③調査対象地域：秋田県、岩手県、山形県、石川県、山梨県、群馬県、東京都、静岡県、岐阜県、愛知県、大阪府、長崎県、熊本県、以上13地域

④調査方法：各県データベースからの無為作為抽出、郵送法による発送・回収

---

104) アンケート調査票の詳細については、機械振興協会経済研究所（2022）の資料編を参照。

⑤対象とした再エネの分野：太陽光発電機器、風力発電機器、バイオマス発電機器、中小水力発電機器、地熱発電機器、以上５分野
⑥実施時期：2021 年９月上旬から 10 月上旬
⑦回収結果：138 社（回収率：13.8%）

(2) 回収サンプルの特性

① 回収サンプルの業種別構成比

図 4.1 は、回収サンプルの業種別構成比である。この図が示すように、回答サンプルの構成比では、「金属製品製造業」が４割以上と最も高く、次いで、「一般機械器具製造業」が１割以上、「輸送機械器具製造業」、「電気機械器具製造業」及び「電子部品等製造業」が１割弱となっている。そのため、再生可能エネルギーへの参入状況に関する回答結果については、「金属製品製造業」に属する中小企業の比率が高いことを踏まえる必要がある。

② 回収サンプルの資本金規模別構成比

図 4.2 は、回収サンプルの資本金規模別構成比である。この図が示すように、資本金規模別構成比では、「3,000 万円未満」の企業が約７割を占めていることから、今回の回答企業は中小製造業の中でも比較的資本金規模が小さい企業で構成されている。そのため、再生可能エネルギーへの参入状況に関する回答結果については、資本金が小規模な中小企業による回答結果である点を考慮する必要がある。

③ 回収サンプルの従業員規模別構成比（非正規社員を除く）

図 4.3 は、回収サンプルの従業員規模別構成比である。この図が示すように、従業員規模別構成比では、「従業員数 70 人未満」の企業の割合が全体の８割弱を占めていることから、資本金規模と同様に今回の回答企業は従業員規模で見ても小さな企業が多くなっている。そのため、再生可能エネルギーへの参入状

図 4.1　中小製造業の主要業種領域（N＝138）

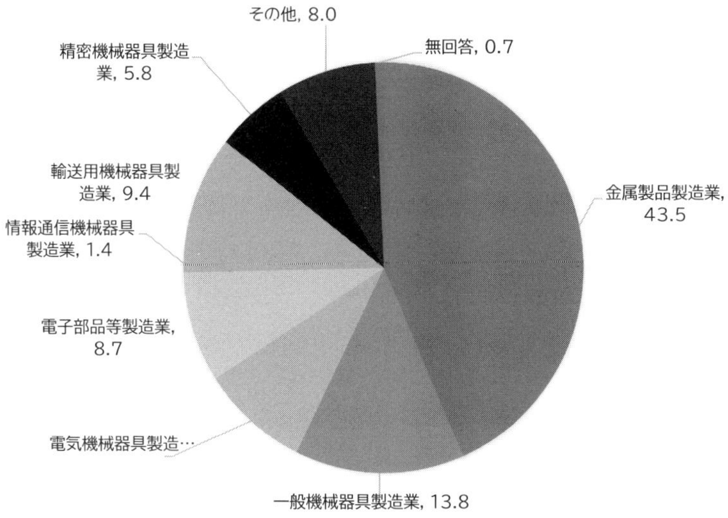

出所：機械振興協会経済研究所（2022）。

図 4.2　中小製造業の資本金規模（N＝138）

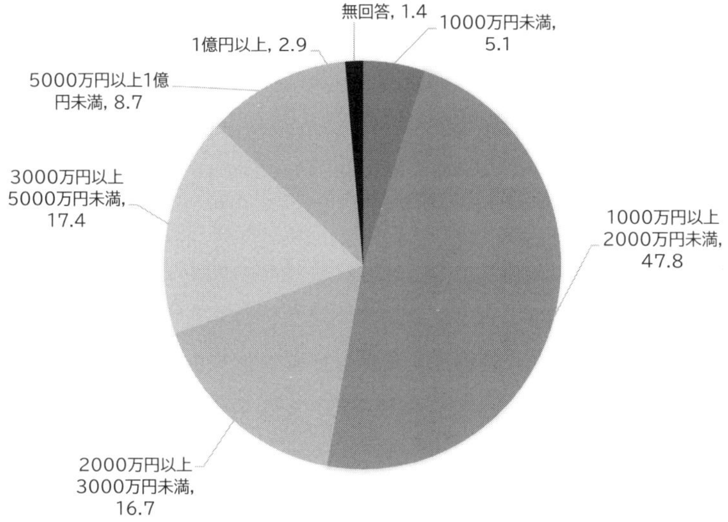

出所：図 4.1 と同じ。

図 4.3　中小製造業の従業員規模（N＝138）

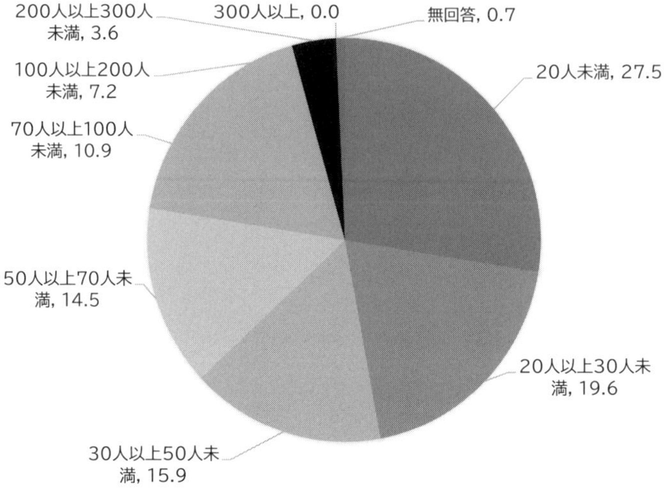

出所：図 4.1 と同じ。

況に関する回答結果については、この点も考慮する必要がある。

④　回収サンプルの主要生産形態

図 4.4 は、回収サンプルの主要生産形態の状況である。この図が示すように主要生産形態については、「少量変種対応型（開発機能有り）」が約 3 割と最も高く、次いで、「少量・変種対応型（開発機能無し）」、「量産型（開発機能有り）」といった順になっているが、「量産型」と「少量型（単品受注型含む）」で見ると全体の 6 割以上が「少量型（非量産型）」の生産形態の企業で占められていることが分かる。よって、再生可能エネルギーへの参入状況に関する回答結果については、「非量産型」の中小製造業の回答のウエイトが相対的に高い点を考慮する必要がある。

⑤　回収サンプルの得意分野

図 4.5 は、回収サンプルの得意分野に関する回答結果（数値は実数値）であ

図 4.4　中小製造業の主要生産形態（N＝138）

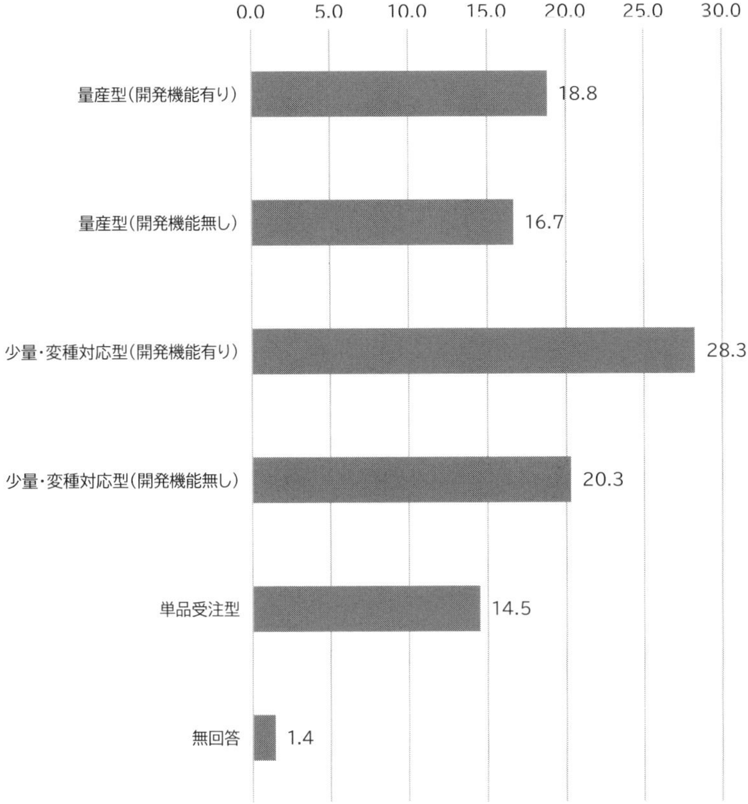

出所：図 4.1 と同じ。

る。この図から分かるように、回答企業の得意分野については、「機械加工」、「プレス加工」、「切削」、「板金」、「製缶加工」及び「電子・電気組立」などが比較的多い傾向を示しており、工作機械や各種産業機械を駆使したモノづくりを得意とする中小製造業であることを窺い知ることができる。

一方、「鋳造」、「鍛造」、「熱処理」、「圧縮成形」、「塗装」、「金型」、「電子・電気機器加工」等を得意とする企業は少ない傾向にある点も再生可能エネルギーへの参入状況に関する回答結果を見る上では考慮しておく必要がある。

図 4.5　中小製造業の得意分野（N＝138）

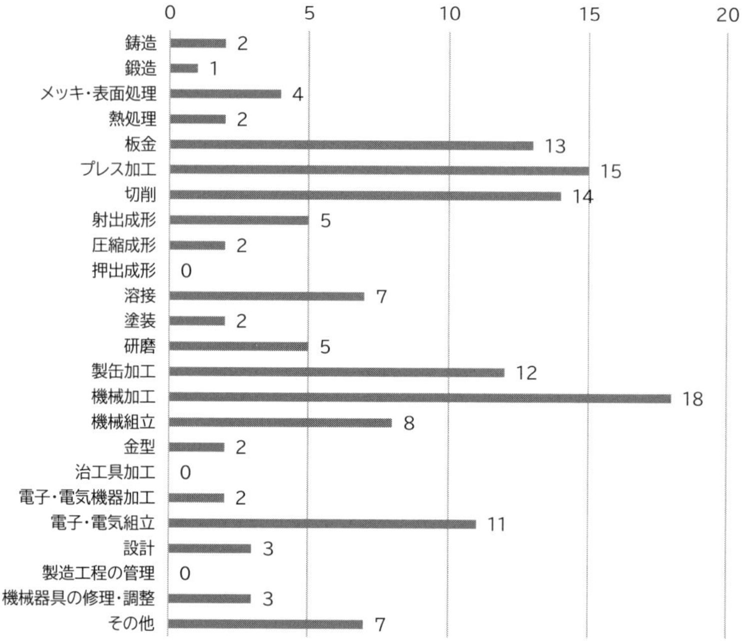

出所：図 4.1 と同じ。

(3)　再生可能エネルギー機器市場への参入状況

①　太陽光発電機器市場への参入状況

図 4.6 は、中小製造業の太陽光発電機器市場への参入状況に関する回答結果である。この図から明らかなように、太陽光発電機器市場に対しては、「参入経験も参入予定も全くない」と回答した企業が全体の 8 割以上を占めており、中小製造業の当該市場への参入については消極的な状況にあると言える。

②　太陽光発電機器市場に参入しない理由

図 4.7 は、中小製造業が太陽光発電機器市場に参入しない理由に関する回答結果である。この図が示すように、参入しない理由については、「自社の経営資源の不足」を挙げた企業が 4 割以上で最も高く、「技術・市場情報の不足」

図 4.6　太陽光発電機器市場への参入状況（N＝138）

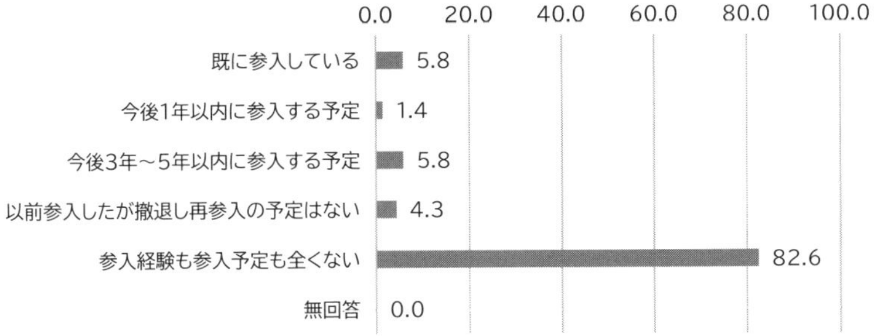

出所：図 4.1 と同じ。

図 4.7　太陽光発電機器市場に参入しない理由（N＝120）

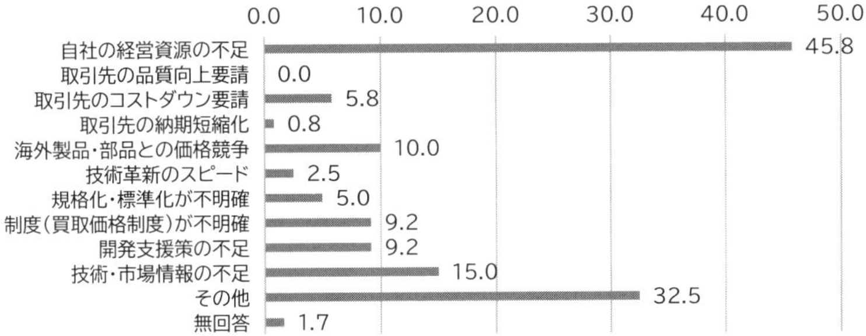

出所：図 4.1 と同じ。

や「海外製品・部品との価格競争」を挙げた企業もある程度存在している。また、「その他」の比率も３割以上と高くなっている。

③　風力発電機器市場への参入状況

図 4.8 は、中小製造業の風力発電機器市場への参入状況に関する回答結果である。この図から明らかなように、風力発電機器市場に対しては、「参入経験も参入予定も全くない」と回答した企業が全体の８割強を占めており、中小製造業の当該市場への参入については太陽光発電機器市場以上に消極的な状況にあると言える。

図 4.8　風力発電機器市場への参入状況（N＝138）

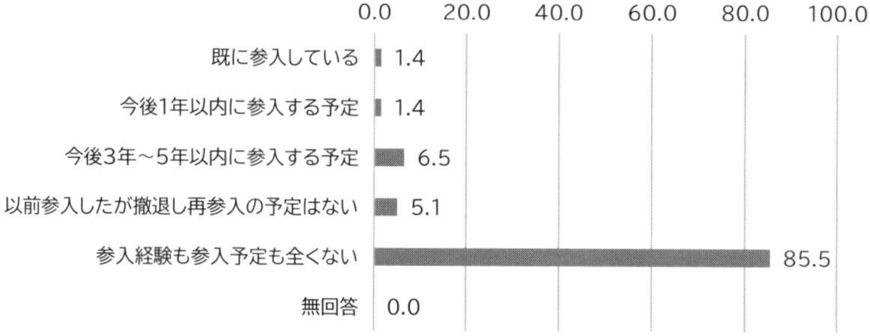

出所：図 4.1 と同じ。

④　風力発電機器市場に参入しない理由

図 4.9 は、中小製造業が風力発電機器市場に参入しない理由に関する回答結果である。この図が示すように、参入しない理由については、「自社の経営資源の不足」を挙げた企業が約 5 割と最も高く、他には「技術・市場情報の不足」が 1 割以上となっている。また、「その他」の比率も 3 割以上と高くなっている。

図 4.9　風力発電機器市場に参入しない理由（N＝125）

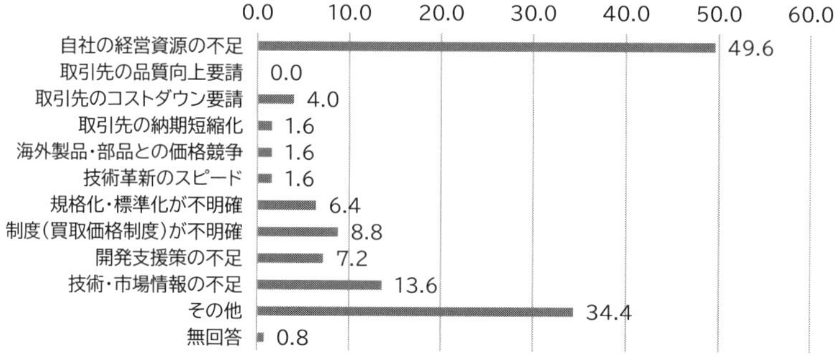

出所：図 4.1 と同じ。

⑤　バイオマス発電機器市場への参入状況

図 4.10 は、中小製造業のバイオマス発電機器市場への参入状況に関する回答結果である。この図から明らかなように、バイオマス発電機器市場に対して

図 4.10　バイオマス発電機器市場への参入状況（N＝138）

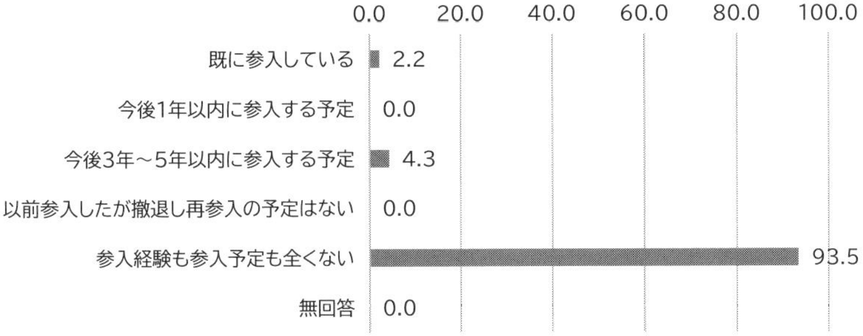

出所：図 4.1 と同じ。

は、「参入経験も参入予定も全くない」と回答した企業が全体の 9 割以上に達し、中小製造業の当該市場への参入については極めて消極的な状況にあると言える。

⑥　バイオマス発電機器市場に参入しない理由

図 4.11 は、中小製造業がバイオマス発電機器市場に参入しない理由に関する回答結果である。この図が示すように、参入しない理由については、「自社の経営資源の不足」を挙げた企業が約 4 割強と最も高く、「技術・市場情報の不足」や「制度（買取価格制度）が不明確」などもある程度の比率になってい

図 4.11　バイオマス発電機器市場に参入しない理由（N＝129）

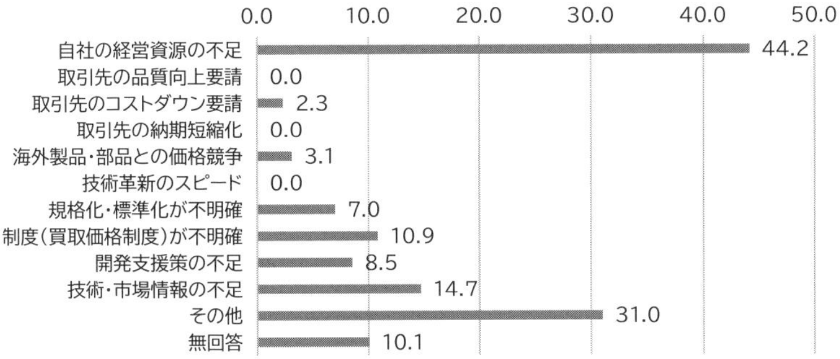

出所：図 4.1 と同じ。

る。また。「その他」の比率も3割以上と高くなっている。

⑦　中小水力発電機器市場への参入状況

図4.12は、中小製造業の中小水力発電機器市場への参入状況に関する回答結果である。この図から明らかなように、中小水力発電機器市場に対しては、「参入経験も参入予定も全くない」と回答した企業が全体の約9割に達し、中小製造業の当該市場への参入については極めて消極的な状況にあると言える。

図4.12　中小水力発電機器市場への参入状況（N＝138）

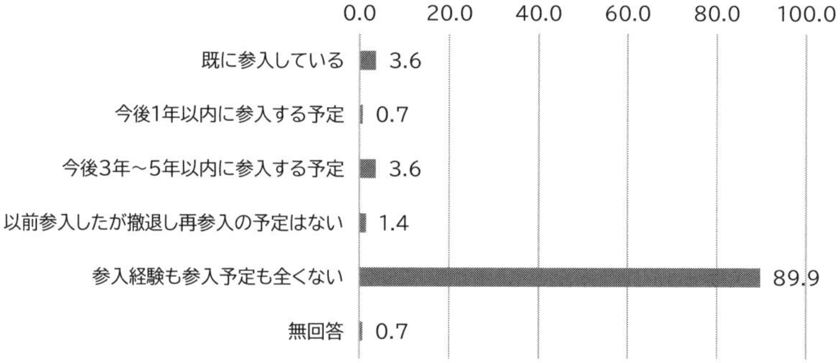

出所：図4.1と同じ。

⑧　中小水力発電機器市場に参入しない理由

図4.13は、中小製造業が中小水力発電機器市場に参入しない理由に関する回答結果である。この図が示すように、参入しない理由については、「自社の経営資源の不足」を挙げた企業が約4割強と最も高く、「技術・市場情報の不足」もある程度の比率になっている。また。「その他」の比率も3割以上と高くなっている。

⑨　地熱発電機器市場への参入状況

図4.14は、中小製造業の地熱発電機器市場への参入状況に関する回答結果である。この図から明らかなように、中小水力発電機器市場に対しては、「参

図 4.13　中小水力発電機器市場に参入しない理由（N＝126）

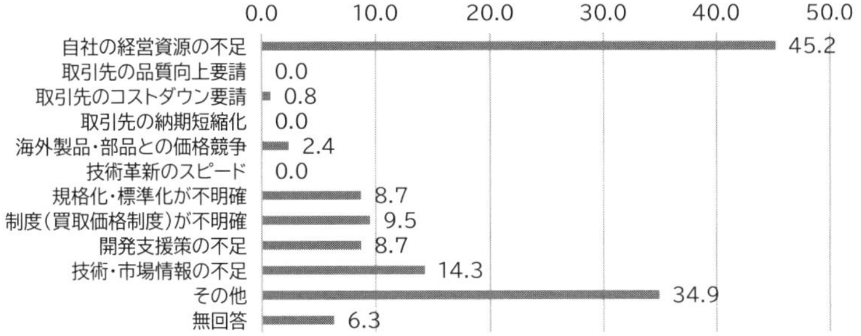

出所：図 4.1 と同じ。

図 4.14　地熱発電機器市場への参入状況（N＝138）

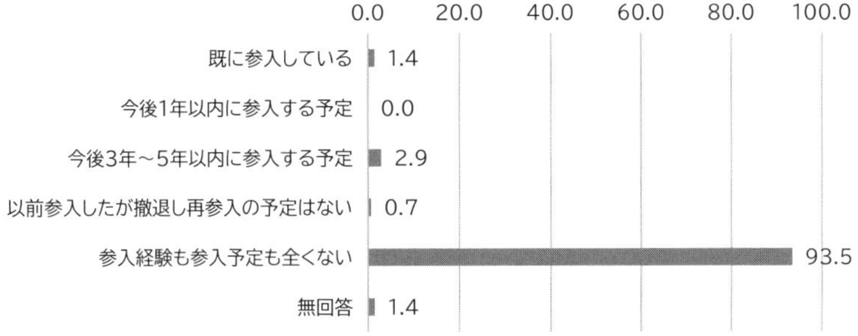

出所：図 4.1 と同じ。

入経験も参入予定も全くない」と回答した企業が全体の約９割以上に達し、中小製造業の当該市場への参入については極めて消極的な状況にあると言える。

⑩　地熱発電機器市場に参入しない理由

図 4.15 は、中小製造業が地熱発電機器市場に参入しない理由に関する回答結果である。この図が示すように、参入しない理由については、「自社の経営資源の不足」を挙げた企業が約５割と最も高く、「技術・市場情報の不足」や「制度（買取価格制度：が不明確」もある程度の比率になっている。また。「その他」の比率も３割以上と高くなっている。

図 4.15　地熱発電機器市場に参入しない理由（N＝130）

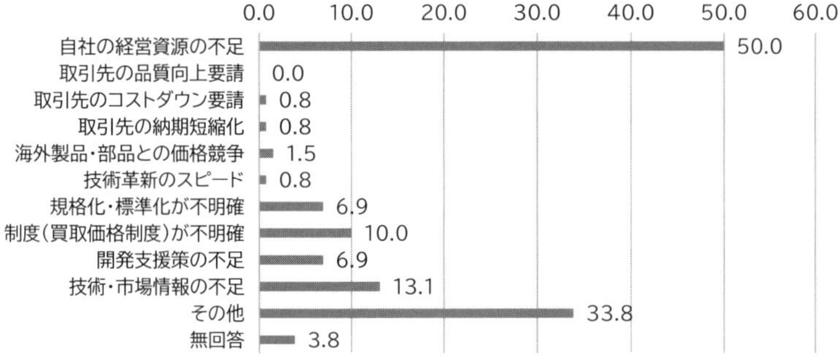

出所：図 4.1 と同じ。

⑪　再エネ機器市場別の参入状況比較

以上のように、中小製造業の再エネ機器市場への参入状況は総じて消極的であるが、予定を含む参入状況を再エネ機器市場別に示すと図 4.16 のようになる。この図から分かるように、全体的に割合は低いものの、現状では「太陽光発電機器市場」への参入が相対的に多く、次いで「風力発電機器市場」、「中小水力発電機器市場」といった順になっている。

〈集計結果からのファインディングス〉

①再生可能エネルギー機器市場への参入に対しては、全体的に消極的な傾向が顕著であり、中小製造業にとって「再生可能エネルギー市場」は“未だ遠い世界”であることが明らかとなった。しかし、これは調査を実施する前から十分予想していた結果でもある。今回の調査の目的は、参入しない、参入できない理由を分析することである。

②その理由としては、「自社の経営資源の不足」が再エネ機器の種類に関わりなく最も多くなっている。また、「その他」も全体的に多くなっている（これについては後述する）。

③なお、5 分野の参入状況では、太陽光発電機器が 13%と最も高く、次いで風力発電機器が 9.3%となっている。しかし、太陽光発電機器市場は

中国が台頭しており、今後は機械産業としての裾野が非常に広い風力発電機器に日本のモノづくり力を活かせる可能性があるものと推察される。

図 4.16　再エネ機器市場別の参入状況比較

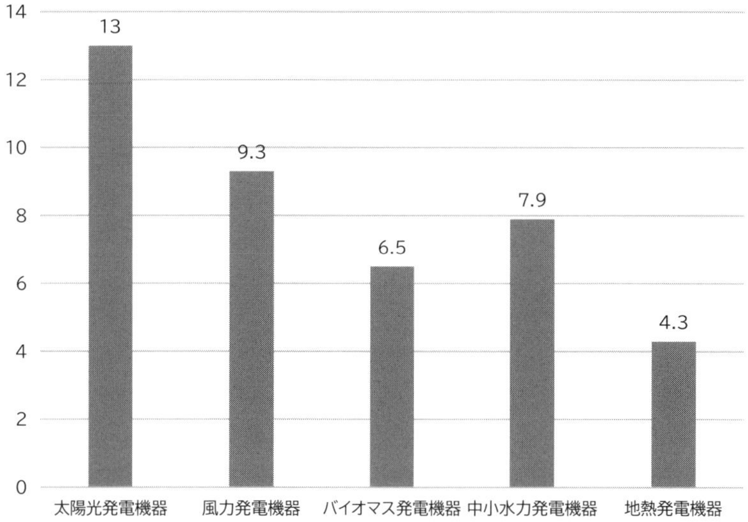

出所：図 4.1 と同じ。

(4)　自社の課題と必要な支援・施策

今回のアンケート調査では、2 つの自由記述回答（自由回答）の結果から、共起ネットワーク図を作成し、中小製造業が再生可能エネルギー市場への参入に対して抱えている「自社の課題」と国や県等に要望する「支援・施策」を析出した[105]。

105)　この共起ネットワーク図の分析では、機械振興協会研究所の令和 3 年度調査研究事業「脱炭素社会に向けた産業集積の再活性化に関する調査研究委員会」の國分圭介委員にご指導頂いた。記して、感謝するしだいである。

① 販売・受注拡大のための自社の課題

図4.17は、自由回答設問①「再生可能エネルギー関連機器の販売・受注拡大における自社の課題（自由にご記入して下さい）」に回答されたコメントを用いて、共起ネットワーク図（個々人のコメント間の共通性を示すネットワーク図）を描いたものである。描画にはテキストマイニングソフトKH Coderを用いた。この図では、文書で出現する単語（抽出語）のうち、共起関係にある（一緒に用いられる傾向にある）単語が線で結んで表現されている。円の大きさは単語が使われた頻度を表している。解釈を容易にするため、頻度が3を下回る単語を予め除外した。分析の結果、共起関係にある以下の11のグループが抽出された。

図4.17　自販売・受注拡大のための自社の課題」の共起ネットワーク図

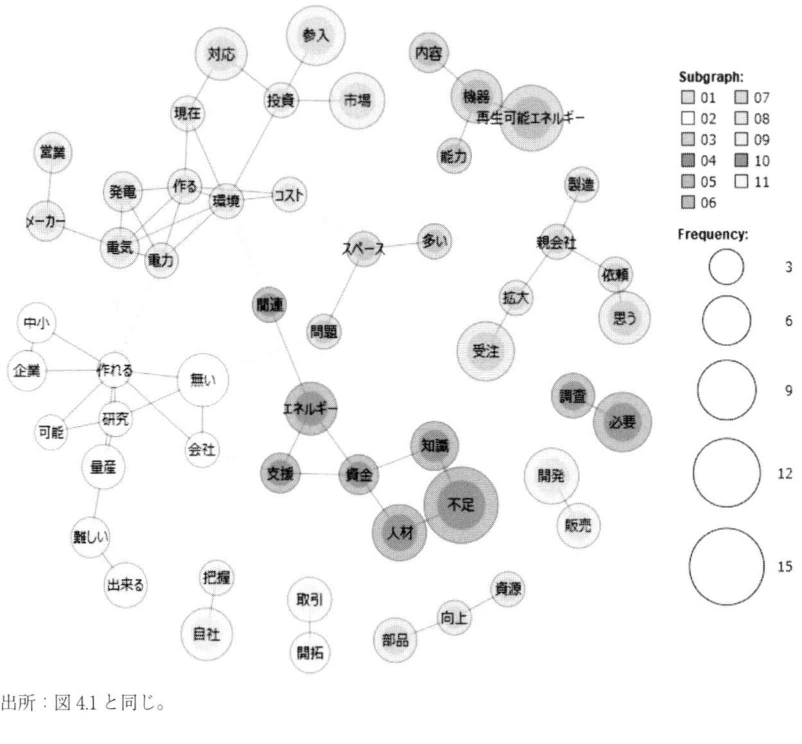

出所：図4.1と同じ。

〈各グループの特徴〉

図 4.18 「対応」「参入」「市場」などで構成される緑色のグループ

「対応」「参入」「市場」などで構成される緑色のグループは、主に、再エネ関連市場への参入や対応の難しさに関するコメントである。

例：

「市場に参入するための手段が分らない」（#71）

「立地環境がエネルギーの生成、売買に適した環境ではない。その中で、エネルギー関連の市場への参入は大きな投資を必要とする計画であり、対応は難しい」（#119）。

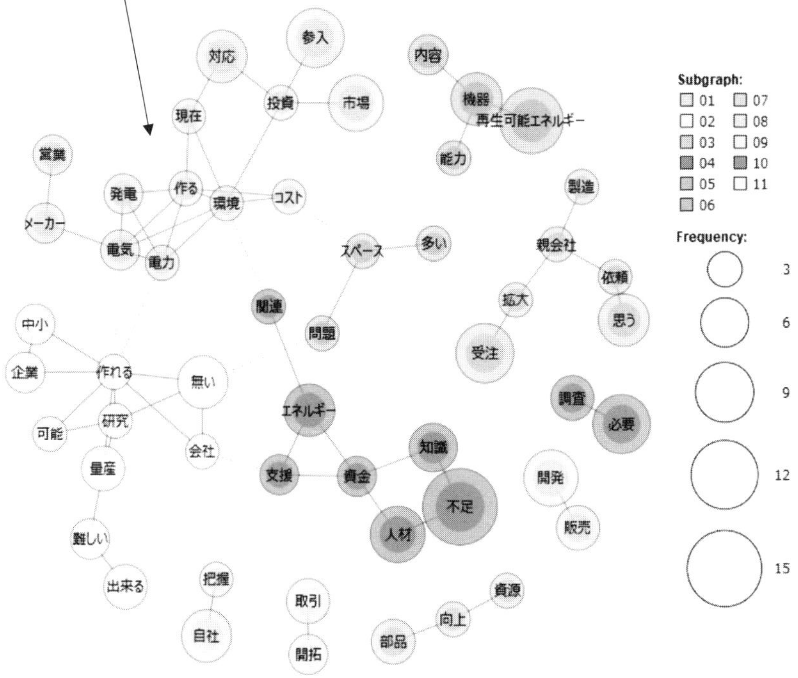

出所：図 4.1 と同じ。

図 4.19 「量産」「研究」「無い」などで構成される黄色のグループ

「量産」「研究」「無い」などで構成される黄色のグループは、主に、再エネ関連製品の量産化の難しさに関するコメントである。

例:

「開発しても販路や量産ラインが作れない。もの補助を承認されたが研究開発だけで量産化までの支援がされなかった為、諦めた」(#48)

「OPV(有機薄膜太陽電池)に力を入れて約7年経つが、莫大な費用と時間がかかる割に進まない。大手メーカーが研究～量産する分には可能かも知れないが、中小では(成功の見込みが)無い」(#60)。

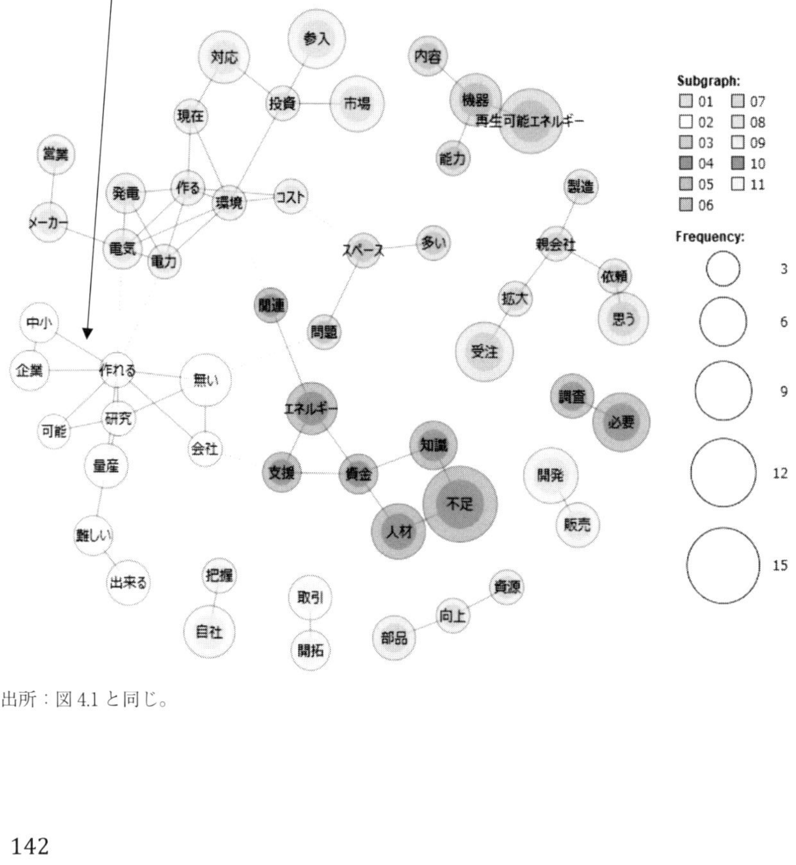

出所：図 4.1 と同じ。

図 4.20 「知識」「人材」「不足」などで構成される赤色のグループ

「知識」「人材」「不足」などで構成される赤色のグループは、主に、再エネ参入における知識や人材等のリソース面の不足に関するコメントである。

例：

「人材、資金が不足している。市場が見えない」（#57）

「人材、資金、設備、販売、受注に関する知識が不足している。長い間石油エネルギーに関する製品に携わってきたので、その知識を新しい分野でも生かせるような体制作りへの支援が欲しい」（#113）

「エネルギー分野に参入するのには、人材・資金が必要となる。又、公的な支援が得られ、採算が取れれば、参入も可能である」（#124）。

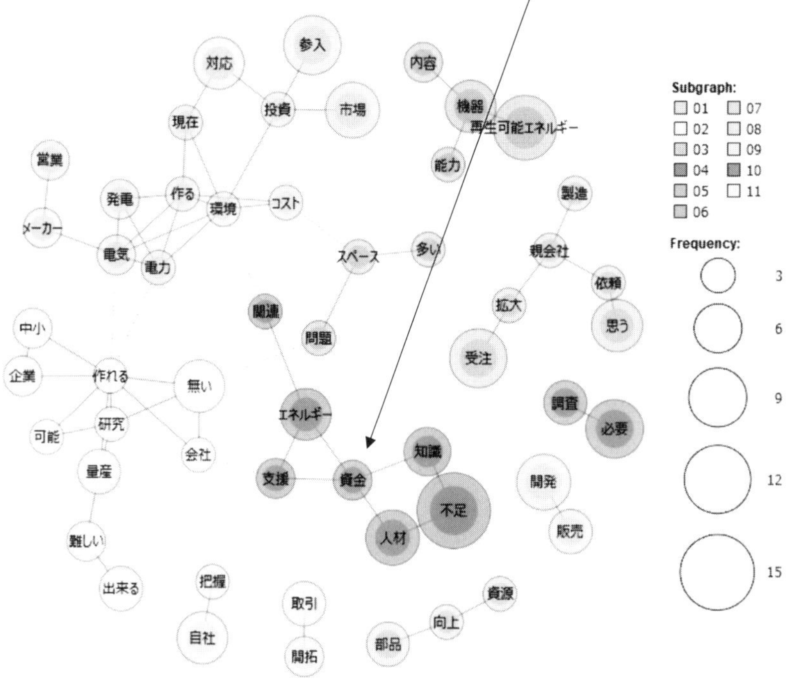

出所：図 4.1 と同じ。

図 4.21 「自社」「把握」で構成される灰色のグループと「取引」「開拓」で構成される薄緑色のグループ

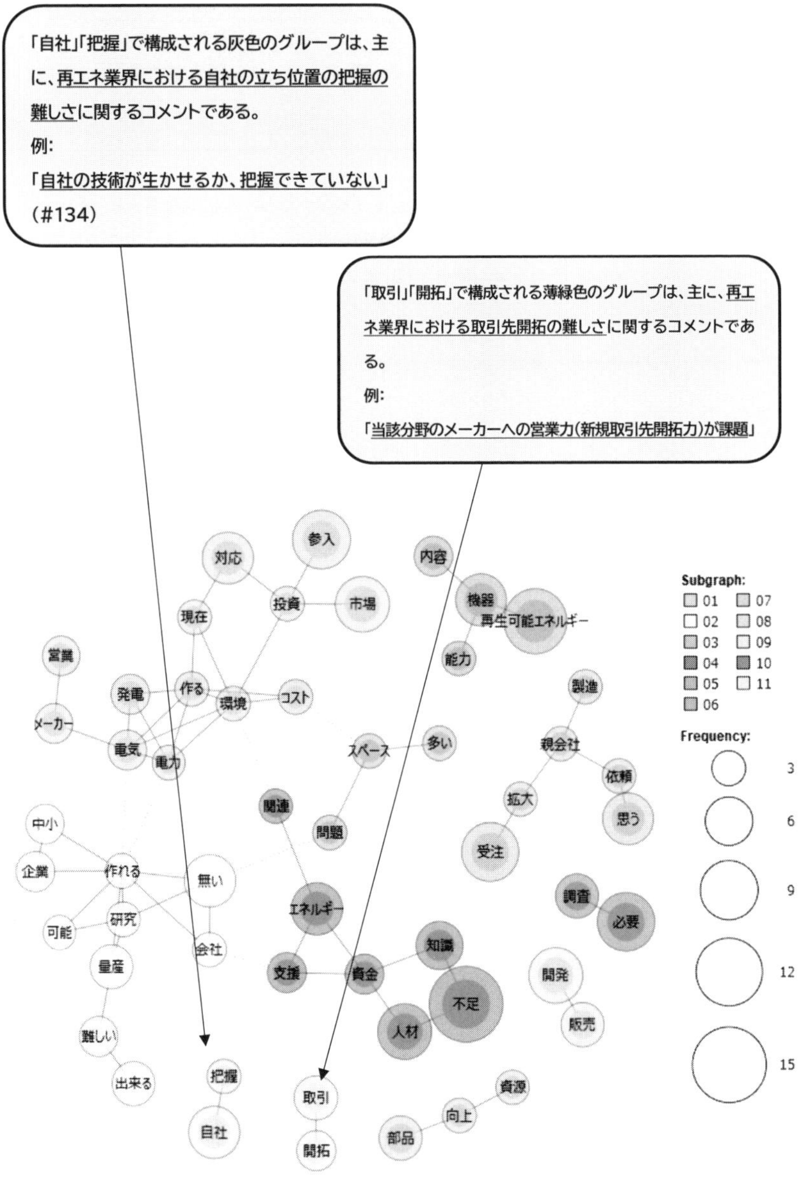

出所：図 4.1 と同じ。

図 4.22 「再生可能エネルギー」「機器」などで構成されるオレンジ色のグループ

「再生可能エネルギー」「機器」などで構成されるオレンジ色のグループは、主に、再エネ業界に適応できる設備の不足に関するコメントである。

例:

「現時点、他分野(半導体関係)の受注が多く、工場の生産能力が追いついていない。再生可能エネルギー機器分野に参入できるキャパが無い。」(#13)

「再生可能エネルギー機器の内容、構造についての研究ができていない。その為、今現在の加工内容や機械で対応可能な分野が見えていない。また設備、人、技術の方向づけができていない」(#105)

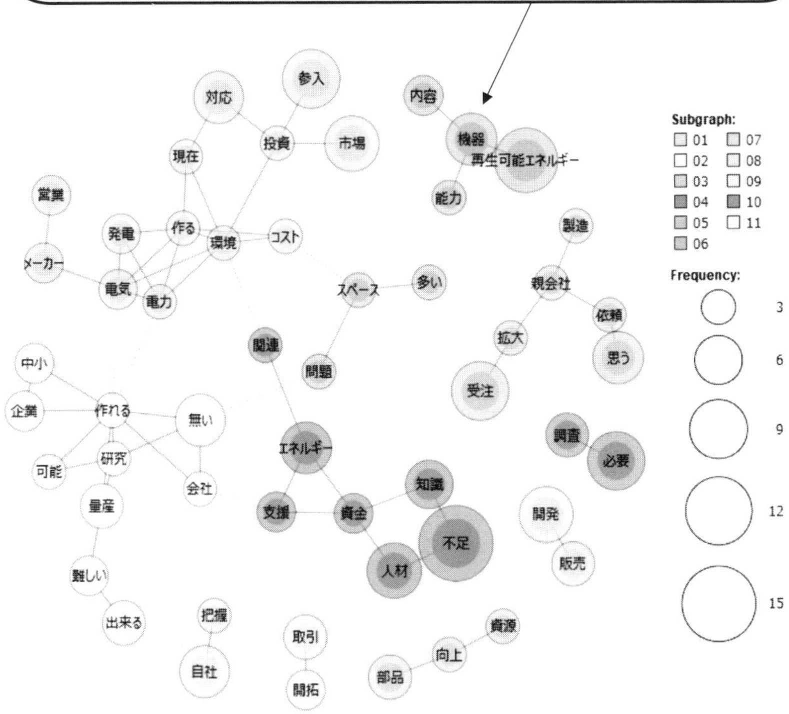

出所：図 4.1 と同じ。

図 4.23 「受注」「拡大」などで構成される薄紫色のグループ

「受注」「拡大」などで構成される薄紫色のグループは、主に、再エネ参入に対する親会社の意向やネットワークの不足に関するコメントである。

例:

「親会社からの依頼により量産品、及び金型を製造している。親会社の意向無しに新しい分野への販売、受注の拡大は難しい。」(#96)

「受注の拡大を希望しているが、どこに働きかければよいのか分からない」(#137)

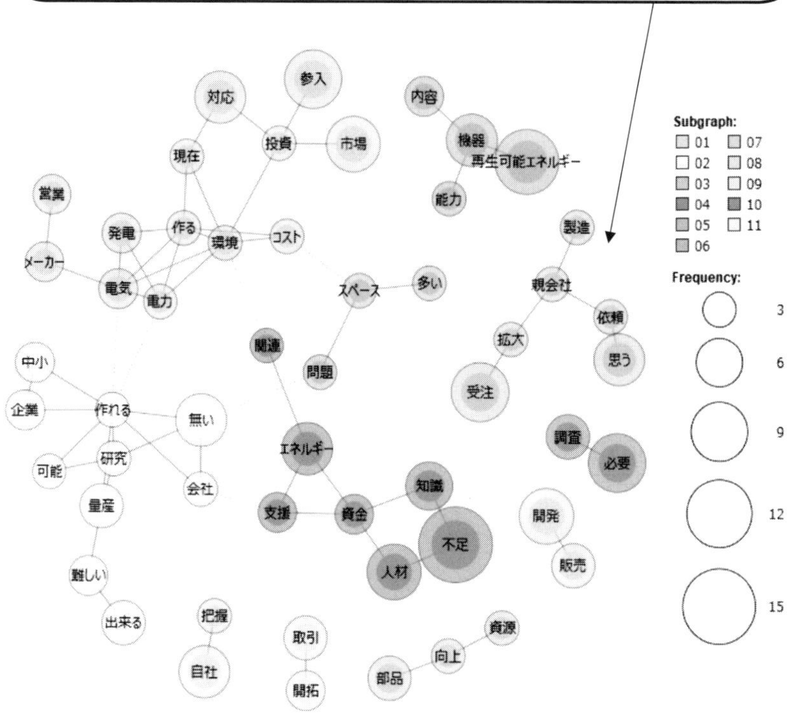

出所：図 4.1 と同じ。

図 4.24 「調査」「必要」で構成される紫色のグループ

「調査」「必要」で構成される紫色のグループは、主に、再エネ業界に関する調査の不足に関するコメントである。

例:

「現状の再生可能エネルギーに関する国の施策や展望の調査が必要。」(#21)

「市場の調査が不足しているので優位性の判断ができない。設備投資や不動産の新規取得の必要性などに関する、技術、ノウハウ、知識が不足している」(#106)

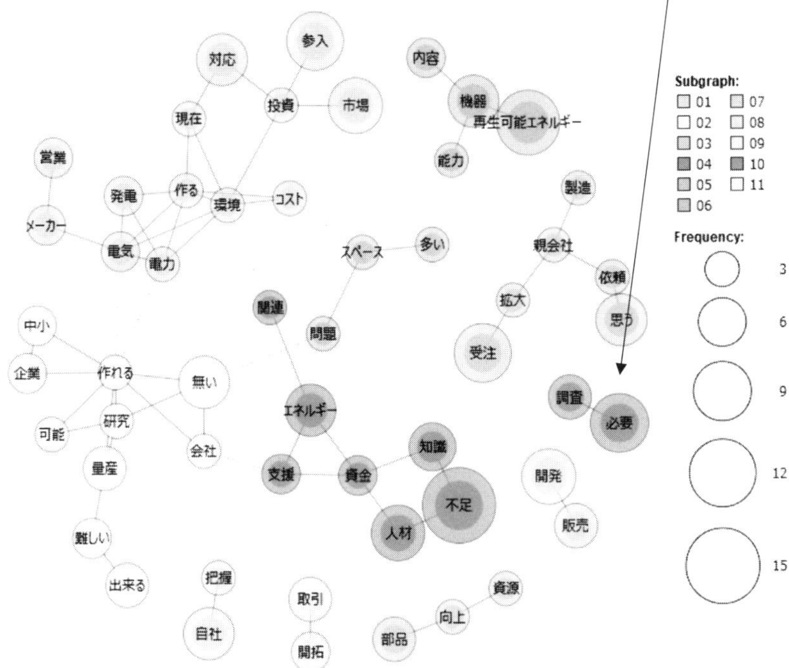

出所：図 4.1 と同じ。

図 4.25　「スペース」「問題」「多い」で構成される青色のグループと「開発」「販売」で構成される桃色のグループ

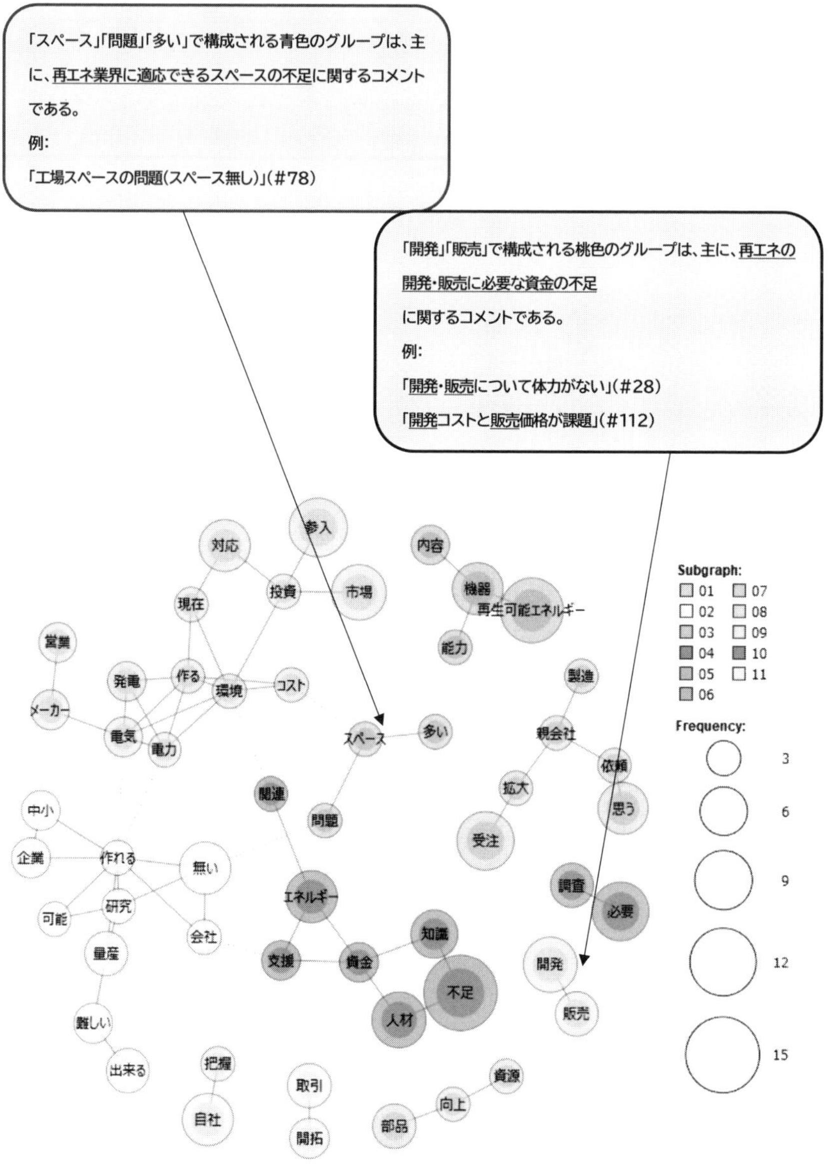

出所：図 4.1 と同じ。

図 4.26　「部品」「向上」「資源」で構成される黄緑色のグループ

「部品」「向上」「資源」で構成される黄緑色のグループは、主に、再エネ業界において既存の部品や資源を活用するための技術力の不足に関するコメントである。

例:

「鋳造技術の向上による多品種、変量、微量、保守部品の歩止り向上、退役部品の解体〜再生(材質別インゴット化等)、精錬技術の習得等省資源への対応力向上などが課題」(#117)

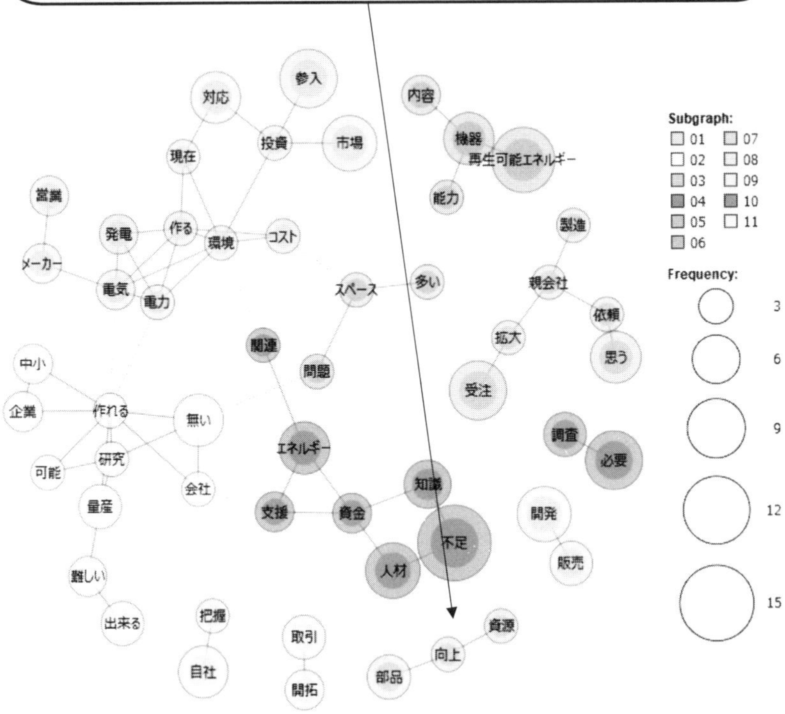

出所：図 4.1 と同じ。

表 4.1　販売・受注拡大のための自社の課題：析出された 11 項目

①再エネ関連市場への参入や対応の難しさ
②再エネ関連製品の量産化の難しさ
③再エネ参入における知識や人材等のリソース面の不足
④再エネ業界における自社の立ち位置の把握の難しさ
⑤再エネ業界における取引先開拓の難しさ
⑥再エネ業界に適応できる設備の不足
⑦再エネ参入に対する親会社の意向やネットワークの不足
⑧再エネ業界に関する調査の不足
⑨再エネ業界に適応できるスペースの不足
⑩再エネの開発・販売に必要な資金の不足
⑪再エネ業界において既存の部品や資源を活用するための技術力の不足

上記の表 4.1 に示すように、自由回答「販売・受注拡大のための自社の課題」の共起ネットワーク図では、課題として 11 項目が析出されたが、その中でも再生可能エネルギー機器という新市場分野が内包している課題として最も重要となるのは、第一に、再エネ関連製品の量産化の難しさ、第二に、再エネ参入における知識や人材等のリソース面の不足の 2 つであると考えられる。

いずれにしても、共起ネットワーク図から析出されたこれらの課題は、「中小製造業の再生可能エネルギー機器市場への参入を促進するための支援・施策を具体的に策定して行くためのヒント」を提供しているものと言える。

②　販売・受注拡大に向けて要望する支援・施策

図 4.27 は、自由回答設問②「当該分野での販売・受注拡大に関連して期待する支援・施策（自由にご記入して下さい）」に回答されたコメントを用いて、共起ネットワーク図（個々人のコメント間の共通性を示すネットワーク図）を描いたものである。描画には前掲図と同様にテキストマイニングソフト KH Coder を用いた。この図では、文書で出現する単語（抽出語）のうち、共起関係にある（一緒に用いられる傾向にある）単語が線で結んで表現されている。円の大きさは単語が使われた頻度を表している。解釈を容易にするため、頻度

が 2 を下回る単語を予め除外した。分析の結果、共起関係にある 9 のグループが抽出された。

図 4.27　販売・受注拡大のための自社の課題」の共起ネットワーク図

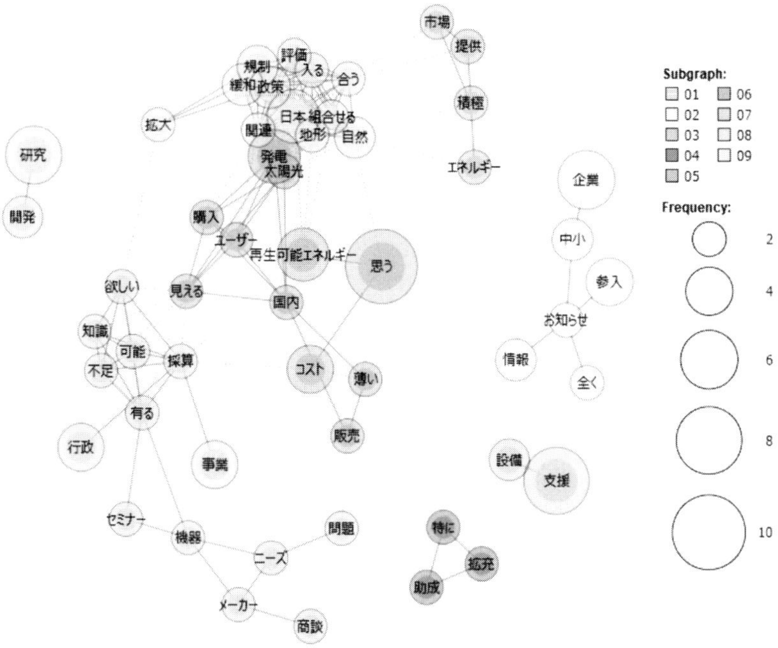

出所：図 4.1 と同じ。

〈各グループの特徴〉

図 4.28 「研究」「開発」などで構成される桃色のグループと「行政」「事業」「採算」などで構成される緑色のグループ

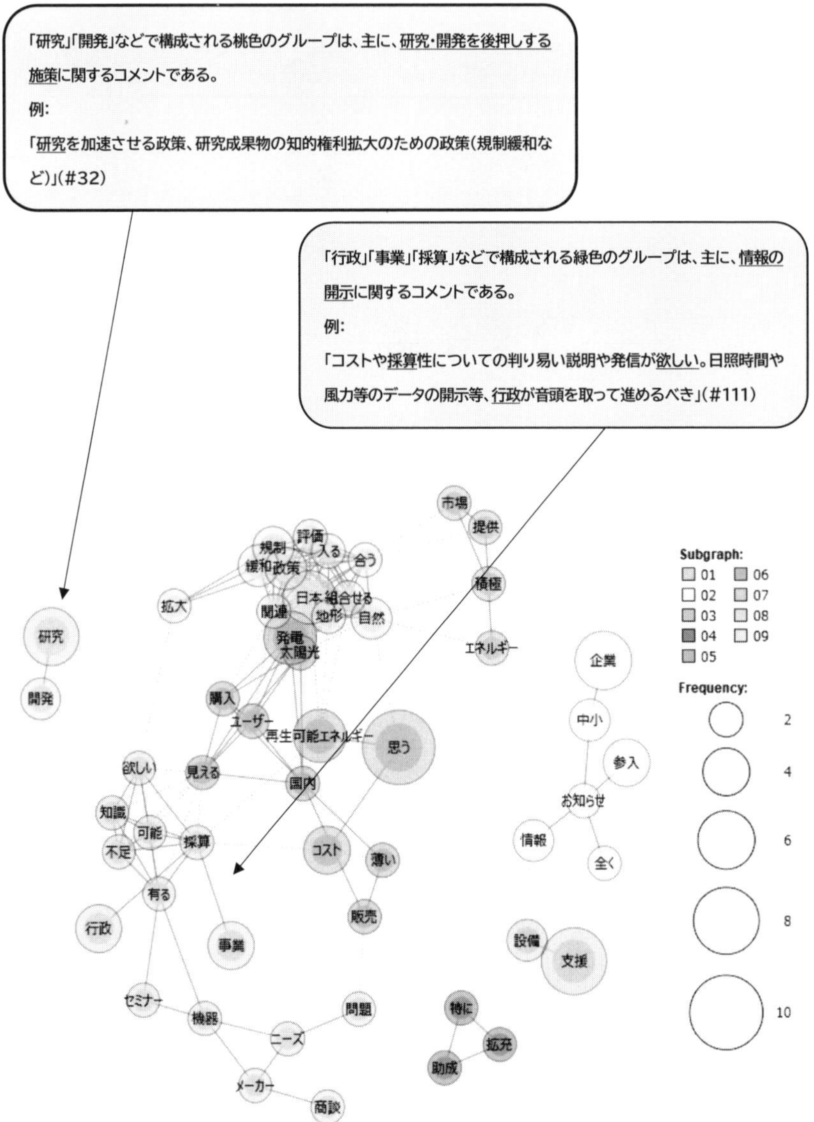

出所：図 4.1 と同じ。

図 4.29　「規制」「緩和」などで構成される灰色のグループと「太陽光」「発電」「国内」などで構成されるオレンジ色のグループ

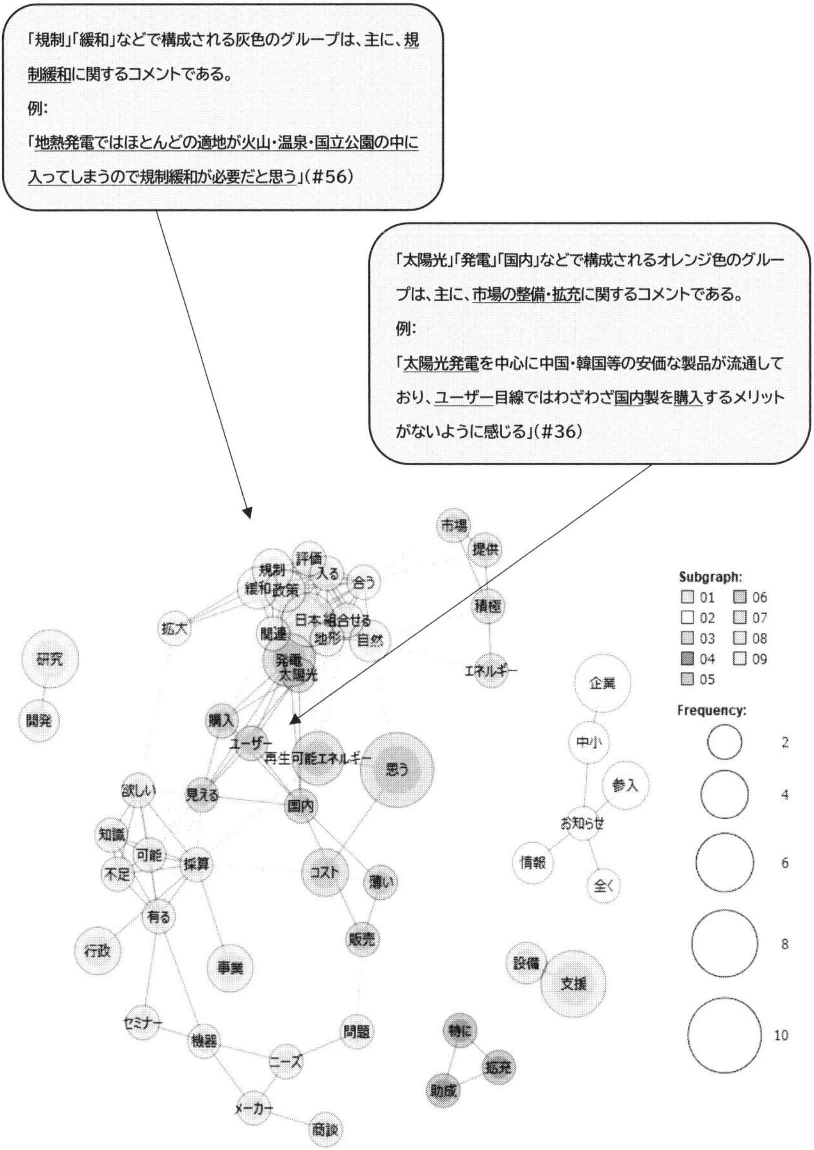

出所：図 4.1 と同じ。

図 4.30 「企業」「中小」「参入」などで構成される黄色のグループと「助成」「拡充」などで構成される赤色のグループ

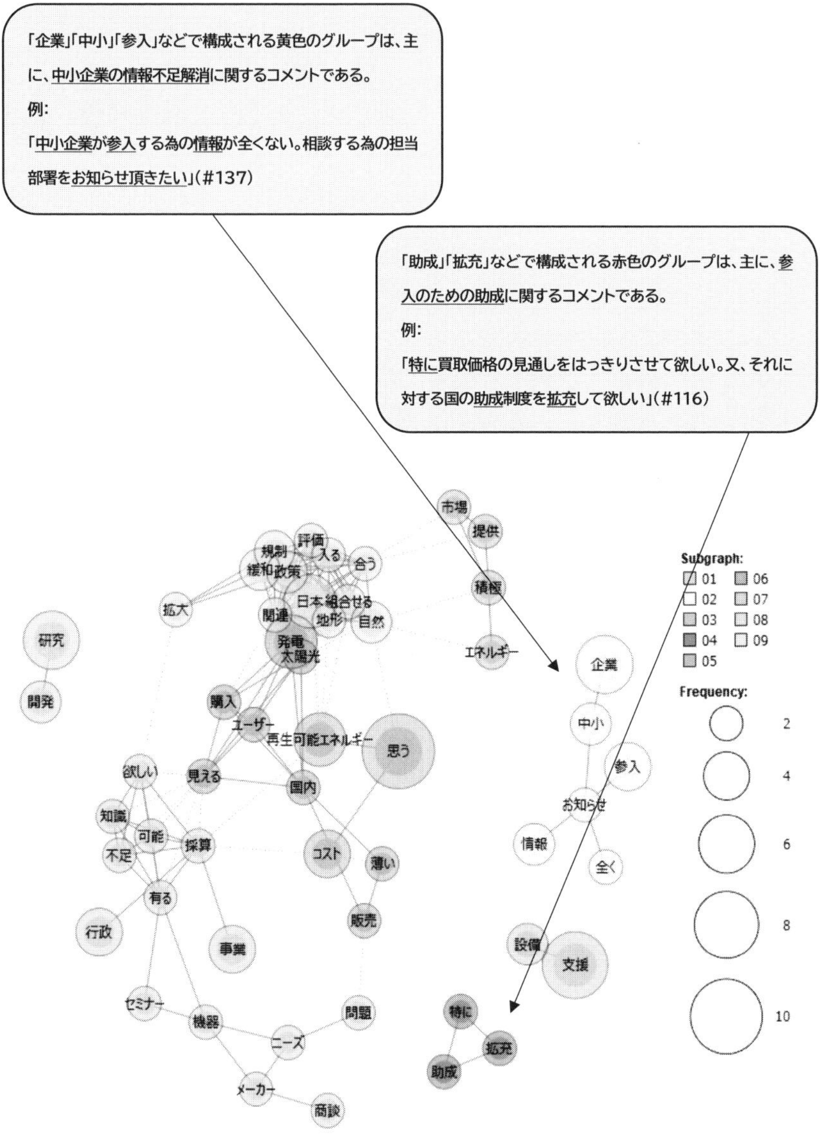

出所：図 4.1 と同じ。

図 4.31　「市場」「提供」などで構成される紫色のグループと「設備」「支援」などで構成される黄緑色のグループ

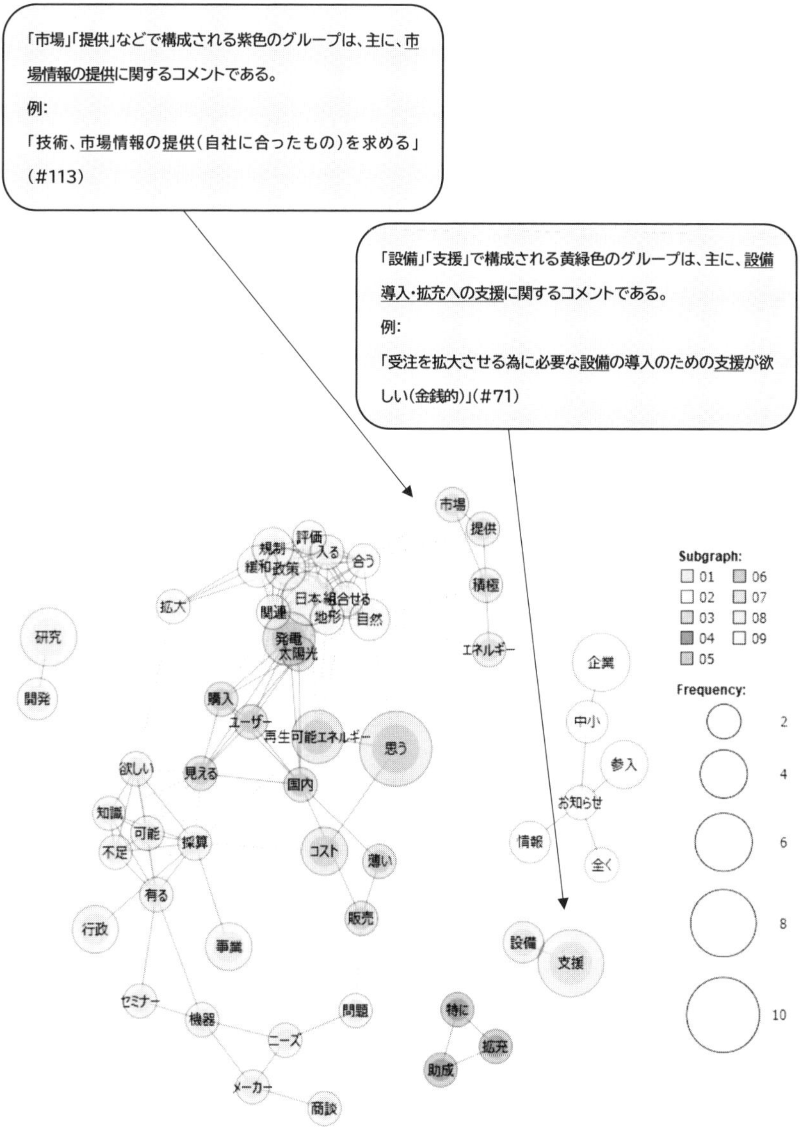

出所：図 4.1 と同じ。

図 4.32 「再生可能エネルギー」「コスト」などで構成される青色のグループ

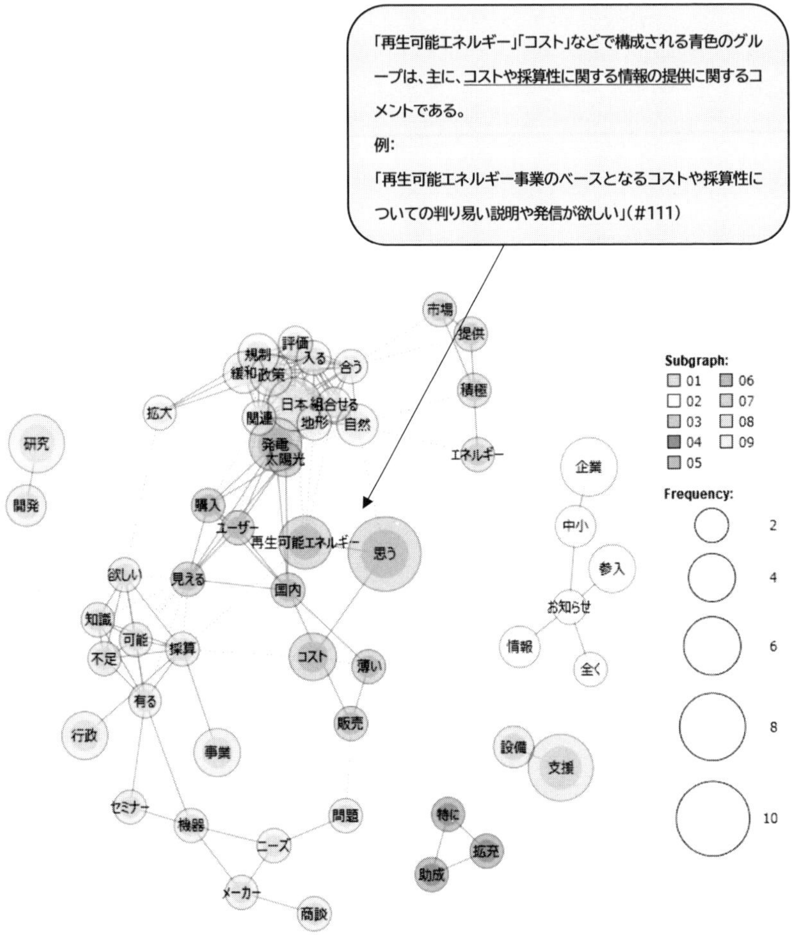

出所：図 4.1 と同じ。

表 4.2　販売・受注拡大に向けた支援・施策：析出された９項目

①研究・開発を後押しする施策
②情報の開示
③規制緩和
④市場の整備・拡充
⑤中小企業の情報不足解消
⑥参入のための助成
⑦市場情報の提供
⑧設備導入・拡充への支援
⑨コストや採算性に関する情報の提供

上記の表 4.2 に示すように、自由回答「販売・受注拡大に向けた支援・施策」の共起ネットワーク図では、課題として９項目が析出されたが、今回の分析から析出されたこれらの項目は、再エネ関連産業への中小製造業の参入促進策や支援策を考えるための重要なヒントを提供しているものと考えられる。

また、この分析結果から、特に中小製造業では、再エネ関連事業への取り組みに必要とされる様々な情報が不足している状況を窺い知ることができることから、中小製造業に対する「情報提供」が重要な支援課題であると言える。

4.2　中小製造業の新エネ市場等への参入状況

(1)　実態調査の実施概要

機械振興協会経済研究所が実施したアンケート調査の実施概要は、下記のとおりである。

①アンケート調査名：「中小製造業の脱炭素社会への対応状況に関する調査」[106)]

②調査対象：中小製造業 700 社

③調査対象地域：秋田県、岩手県、山形県、石川県、山梨県、群馬県、東

106)　アンケート調査票の詳細については、機械振興協会経済研究所（2023）の資料編を参照。

京都、静岡県、岐阜県、愛知県、大阪府、長崎県、熊本県、以上 13 都府県
④調査方法：各県データベースからの無為作為抽出、郵送法による発送・回収
⑤対象とした新エネ市場等の分野：水素関連市場、燃料電池市場、蓄電池市場、省エネ機器市場、省資源化・再資源化、以上 5 市場分野
⑥実施時期：2022 年 11 月上旬から 2023 年 1 月上旬
⑦：回収結果：90 件（回収率：12.9%）

(2) 回収サンプルの特性

① 回収サンプルの業種別構成比

図 4.33 に示したように、回収サンプルは「金属機械製造業」が 37.8％と最も高く、次いで「一般機械器具製造業」(18.9％)、「電気製品製造業」(14.4％) といった順で、これら 3 業種で全体の約 7 割を占めている。一方、「その他」

図 4.33　主要業種領域の構成比（N＝90）

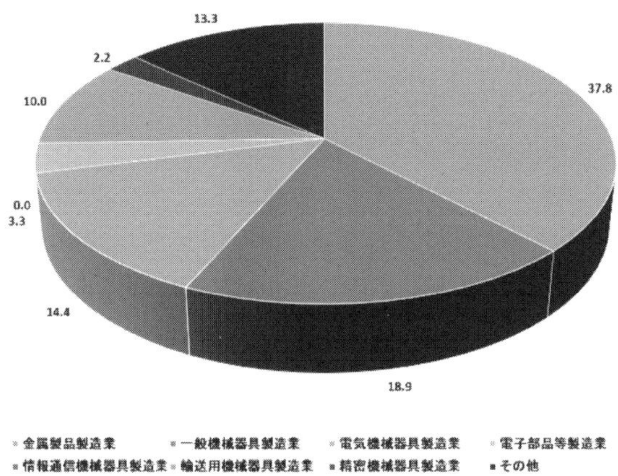

出所：機械振興協会経済研究所（2023）。

（13.3%）も比較的高くなっていることから、従来の業種領域に属さない部品・器具等を手掛けている中小製造業が増えている傾向も窺える。

②　回収サンプルの資本金規模

図 4.34 から分かるように、回収サンプルは「資本金 5,000 万円超 7,000 万円以下」の比率が 53.0%で過半数を占めており、次いで「7,000 万円超１億円以下」が 38.6%となっていることから、資本金１億円以下の中小企業が、全体の９割以上を占めている。

図 4.34　資本金規模の構成比（N=83）

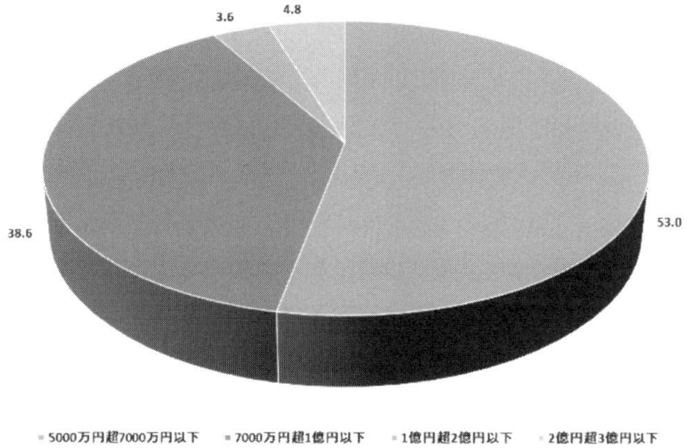

出所：図 4.33 と同じ。

③　回収サンプルの従業員規模構成比（非正規社員を除く）

図 4.35 から分かるように、回収サンプルは「100 人超 200 人以下」が 30.2%で最も高く、次いで「200 人超 300 人以下」（20.9%）、「70 人超 100 人以下」（16.3%）といった順で、「70 人超の企業」が全体の７割近くを占めており、中小製造業の中でも正社員数で見た場合、比較的中規模な企業からの回答が多いことが窺える。

図 4.35　正社員数（非正規社員数を除く）の構成比（N=86）

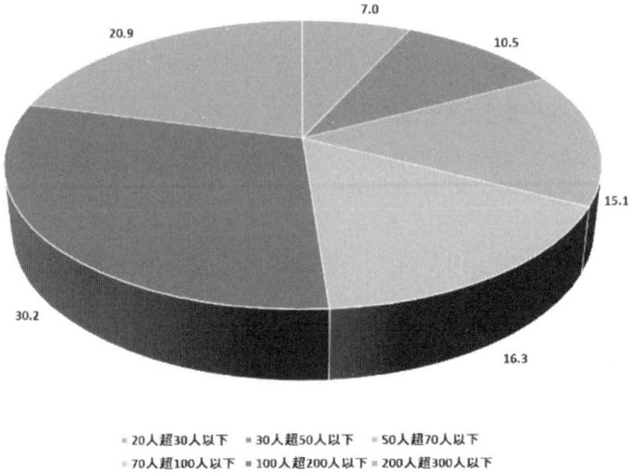

出所：図 4.33 と同じ。

④　回収サンプルの主要生産形態

図 4.36 から分かるように、回収サンプルは「少量・変種対応型（開発機能有り）」が 36.0%で最も高く、次いで「量産型（開発機能有り）」（28.1%）といっ

図 4.36　主要生産形態の構成比（N=89）

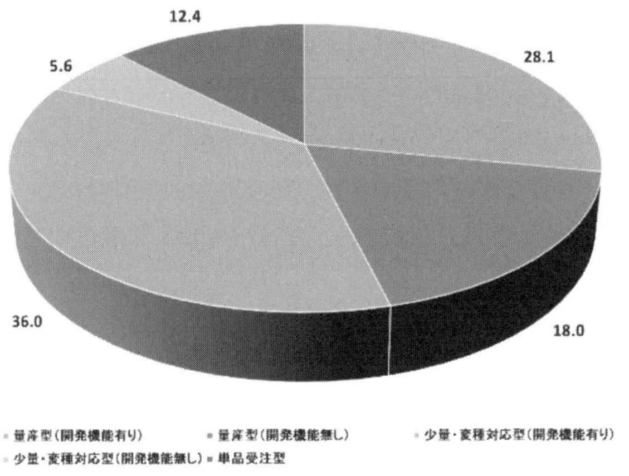

出所：図 4.33 と同じ。

た順になっている。また全体としては「量産型企業」と「少量・変種対応型企業」にほぼ二分されており、「開発機能有り」が全体の 6 割以上を占めている。

⑤　回収サンプルの得意分野

図 4.37 は、回収サンプルの最も得意な分野（技術・技能）に関する回答結果である。この図から分かるように、得意分野については「機械組立」が 11.2%と最も高く、次いで「切削」、「溶接」、「その他」が同値で 9.0%、「メッキ・

図 4.37　自社の最も得意な分野（N=89）

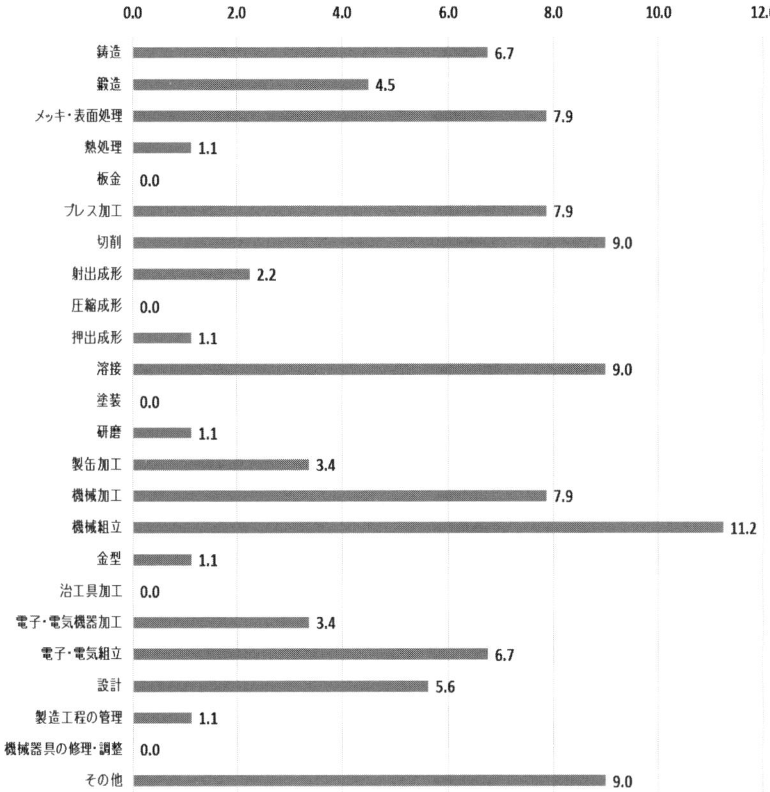

出所：図 4.33 と同じ。

表面処理」、「プレス加工」、「機械加工」が同値で7.9%といった順になっている。一方、「電子・電気組立」(6.7%)と「電子・電気機器加工」(3.4%)の合計値は約1割程度に留まっていることから、全体的に得意分野は多岐に亘るものの、電子・電気分野よりも機械金属分野を得意とする企業が多い傾向にあると言える。よって、今回の各設問の分析では、こうした傾向についても留意する必要がある。

(3) 脱炭素市場(カーボンニュートラル市場)への対応状況

① 水素関連市場への参入状況

図4.38から明らかなように、水素関連市場に対しては、「参入経験も参入予定も全くない」が83.1%と最も高く、当該市場への参入に対しては消極的であるが、「5年以内に参入する予定を含む参入企業」が約15%弱存在しており、一部で参入傾向が見られる。

図4.38 水素関連市場への参入状況(N=89)

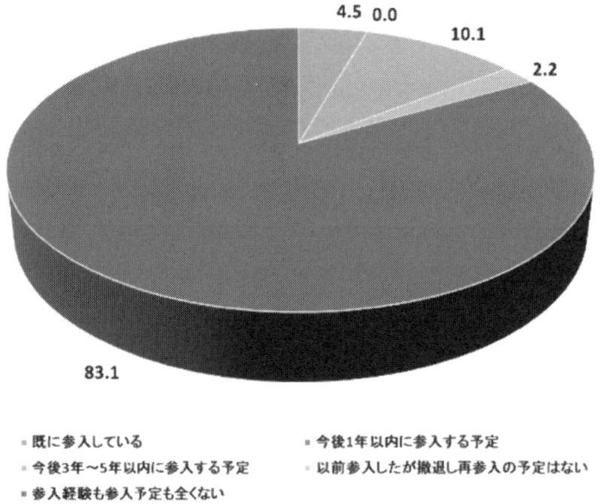

出所：図4.33と同じ。

②　燃料電池市場への参入状況

図4.39から明らかなように、燃料電池市場に対しては、「参入経験も参入予定も全くない」が86.7%と最も高く、当該市場への参入に対しては消極的であるが、「5年以内に参入する予定を含む参入企業」が約1割存在しており、一部で参入傾向が見られる。

図4.39　燃料電池市場への参入状況（N=90）

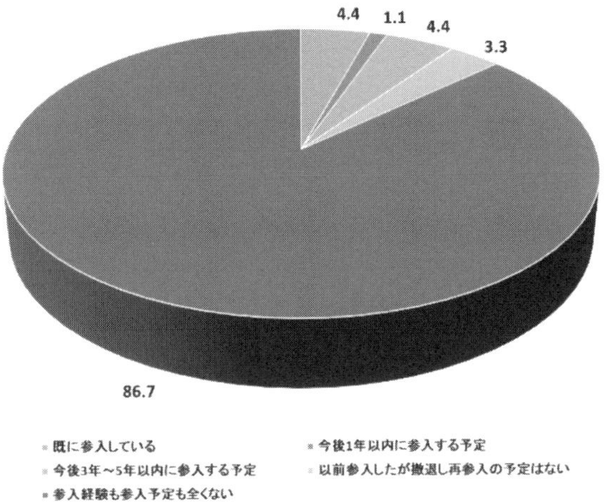

出所：図4.33と同じ。

③　蓄電池市場への参入状況

図4.40から明らかなように、蓄電池市場に対しては、「参入経験も参入予定も全くない」が83.3%と最も高く、当該市場への参入に対しては消極的であるが、「5年以内に参入する予定を含む参入企業」が約15%存在しており、一部で参入傾向が見られる。

④　省エネ機器市場への参入状況

図4.41から明らかなように、省エネ機器市場に対しては、「参入経験も参入予定も全くない」が73.3%と最も高いものの、「5年以内に参入する予定を含

図 4.40　蓄電池市場への参入状況（N=90）

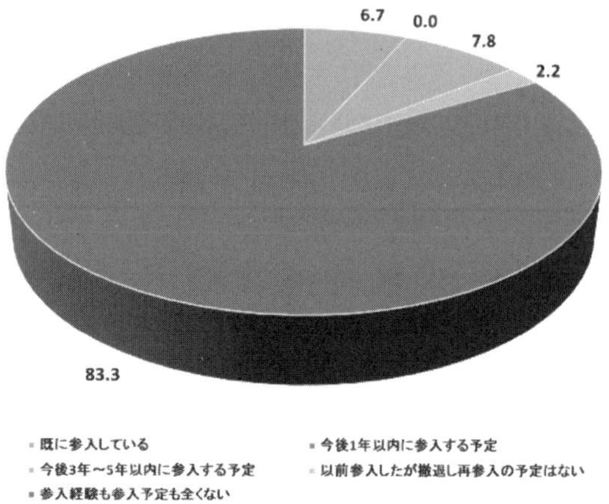

出所：図 4.33 と同じ。

図 4.41　省エネ機器市場への参入状況（N=90）

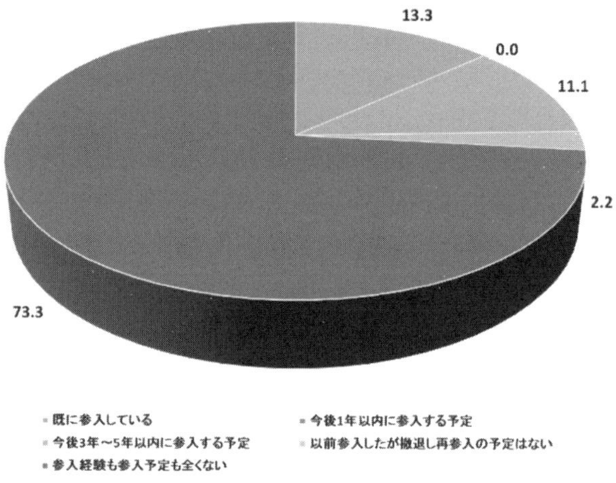

出所：図 4.33 と同じ。

む参入企業」も 24.4％と比較的高くなっており、参入に積極的な傾向も見受けられる。

⑤　省資源化・再資源化[107]市場

図4.42から明らかなように、省資源化・再資源化市場に対しては、「参入経験も参入予定も全くない」が64.0％と最も高いものの、「5年以内に参入する予定を含む参入企業」が３割以上存在し、前述の省エネ機器市場以上に参入に積極的な傾向が見られる。

図4.42　省資源化・再資源化市場への参入状況（N=89）

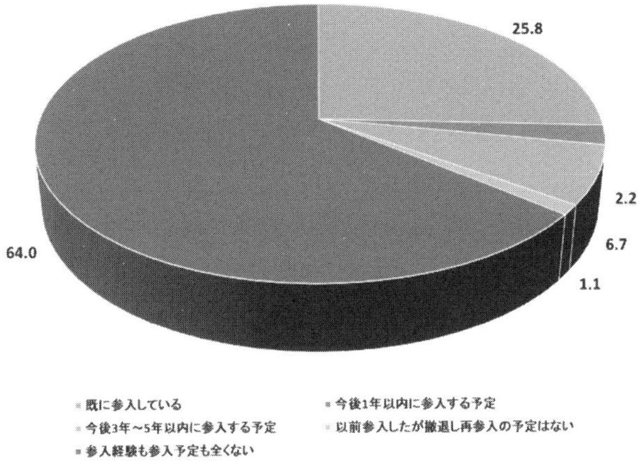

出所：図4.33と同じ。

⑥　参入状況の比較

中小製造業の新エネ・省エネ機器等の市場への参入状況について、参入比率（5年以内の予定を含む）を比較すると図4.43のようになる。この図が示すように、中小製造業が参入について最も積極的な市場は「省資源化・再資源化市場」で３割以上の企業が参入を開始あるいは検討している。また、「省エネ機

107）省資源化とは、製品の小型化、軽量化、中間処理や長寿命化などを行って、使用する資源量を減少させる、また、最終処分される廃棄物量を減少させる製品、部品の小型化、軽量化、省資源化原材料、部品の標準化などを意味する。再資源化とは、金属や樹脂材料などのリサイクルを行い、使用する資源量を減少させる、また、最終処分される廃棄物量を減少させる再資源化、再生材の使用、製品の解体・分解性、再資源化の推進、破砕処理への対応、汚染の未然防止のための有害物質部位の取り外しの容易化、取り外し容易性、原材料名の表示などを意味する。

器市場」に対しても2割以上の企業が参入を開始あるいは検討している。一方、「水素関連市場」、「燃料電池市場」及び「蓄電池市場」への参入比率は1割前後と低く、特に「燃料電池市場」が最も低い。このように、「省資源化・再資源化市場」や「省エネ機器市場」が相対的に高くなっている背景については、「省資源化・再資源化市場」や「省エネ機器市場」は、製造業の環境経営[108]への取り組みや、自動車分野及び家電分野におけるリサイクル法への対応の一環として、以前より中小製造業にとって重要な市場として捉えられてきたためと推察される。

図 4.43　新エネ・省エネ機器等への参入状況の比較

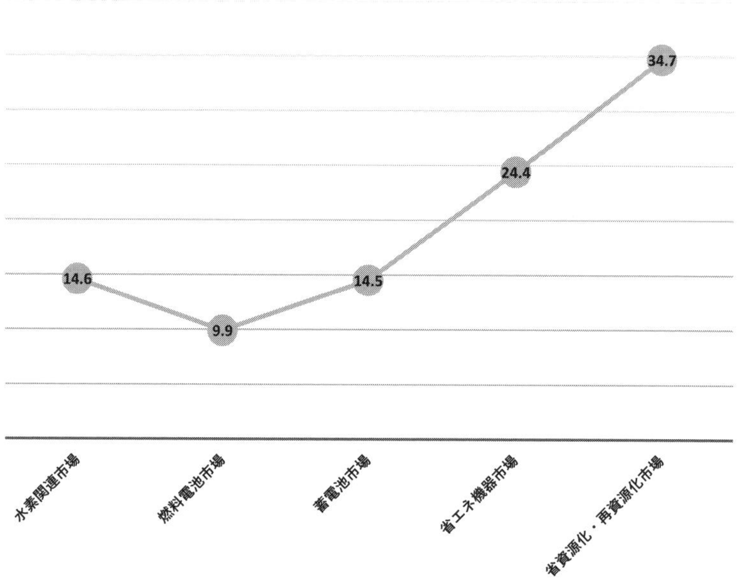

出所：図 4.33 と同じ。

108)　日本では、中小企業の環境経営を促進するため国際標準化機構の ISO14001 を参考にして 1996 年に「エコアクション 21」が策定されている。また、1998 年6月に「家電リサイクル法」、2002 年7月に「自動車リサイクル法」が施行されている。

⑦　市場別想定顧客の比較

図 4.44 は、市場別に参入した場合の想定顧客の比較を示したものである。この図から窺えるように、「省資源化・再資源化市場」や「省資源化・再資源化市場」では、「自動車以外（国内）」の顧客を想定しているケースが特に多くなっている。また、「蓄電池市場」でも「自動車以外（国内）」の顧客を想定しているケースが見られる。

これに対して、「水素関連市場」や「燃料電池市場」では「自動車関連（国内）」の顧客を想定しているケースが比較的多くなっている。さらに、「省エネ機器市場」では「自動車以外（国内）」が最も多いものの、同時に「自動車関連（国内）」や「自動車以外（海外）」の顧客を想定しているケースも比較的多くなってい

図 4.44　脱炭素市場別想定顧客の比較

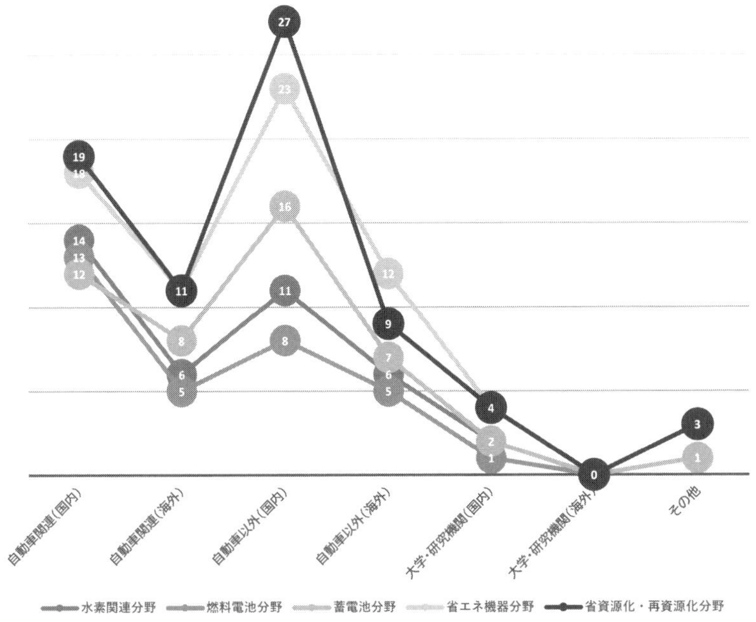

補足：数値は実数である。
出所：図 4.33 と同じ。

ることから、当該分野では国内外の多様な顧客を想定している傾向が窺える。

なお、どの市場においても「大学・研究機関（海外）」を顧客として想定しているケースは皆無であることから、脱炭素市場において中小製造業は海外の大学や研究機関を顧客として想定していないことが窺える。換言するとこの結果は中小製造業の海外の大学や研究機関との関係性の弱さに起因しているものと考えられ、中小製造業の海外市場展開における課題を示唆していると言えよう。

⑧ 市場別参入理由の比較

図 4.45 は、市場別の参入理由の比較を示したものである。この図から窺えるように、脱炭素市場への参入理由については、市場の違いに関わらず、「自社技術・ノウハウ活用」が最も多く、次いで「国内需要拡大」が多くなっている。また、「省資源化・再資源化」及び「省エネ機器市場」では、「海外需要拡大」を参入理由に挙げた企業も比較的多くなっている。一方で、「受注量の減

図 4.45　脱炭素市場別参入理由の比較

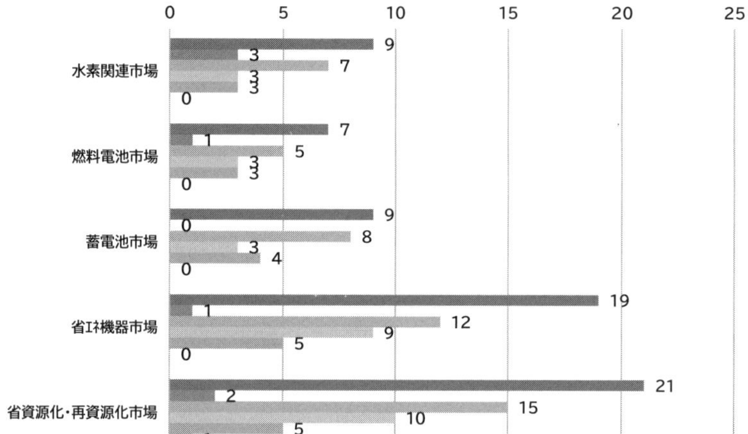

補足：数値は実数である。
出所：図 4.33 と同じ。

少」を参入理由に挙げた企業は非常に少なくなっている。

以上から、中小製造業の脱炭素市場への参入理由は、自社に蓄積されている経営資源を活用しながら、国内外で拡大する脱炭素市場に対応するといった積極的な理由によるものと推察され、受注量の減少といったマイナス要因にしかたなく対応するといった消極的な理由に根差したものではないと考えられる。

⑨　分野別の製品・部品等の開発体制

図4.46から図4.50は、脱炭素分野（市場）別の製品・部品等の開発体制に関する回答結果（以下、値は実数値）である[109)]。これらの図から分かるように、開発体制については全体的に「自社独自で開発」するケースが多くなっている。

しかしながら、分野別の違いも見受けられる。例えば、蓄電池関連分野、水素関連分野及び燃料電池関連分野では、「主要取引先との共同開発」のケースも多くなっている。また、蓄電池関連分野では「異業種他社との共同開発」のケースも他の分野と比べ多くなっている。

一方、省エネ機器関連分野では「大学との連携による開発」も比較的多く、「県産業支援センターの助成金」を活用しているケースも若干ではあるが見受けられる。

なお、各図のレーザーチャートの広がり具合では、燃料電池関連分野と水素関連分野の面積が相対的に広くなっていることから、この２分野では外部との連携を多様化することによって当該分野に必要な製品・部品等を開発している傾向にあるものと推察される。

ところで、各図から明らかなように、脱炭素市場の分野に関わらず「海外企業との共同開発」を挙げた企業は皆無であることから、「開発体制」においても前述の「想定顧客」と同様に、中小製造業の「海外（この場合は海外企業）との関係性」の弱さを窺い知ることができる。

---

109)　数値は実数であり、また回答数も少数であるため、これらの結果は参考程度に留まる。

図 4.46　水素関連分野の開発体制

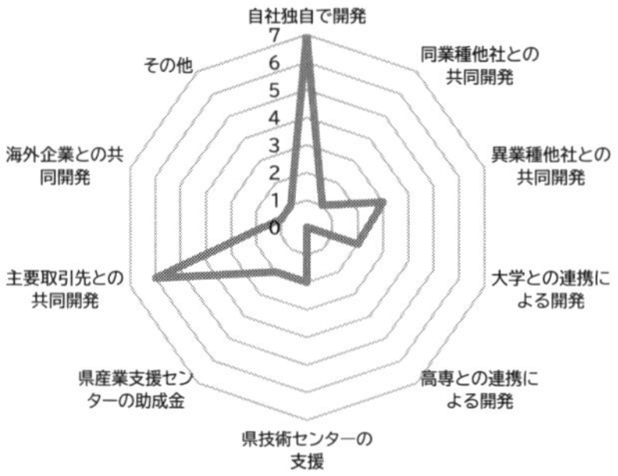

図 4.47　燃料電池関連分野の開発体制

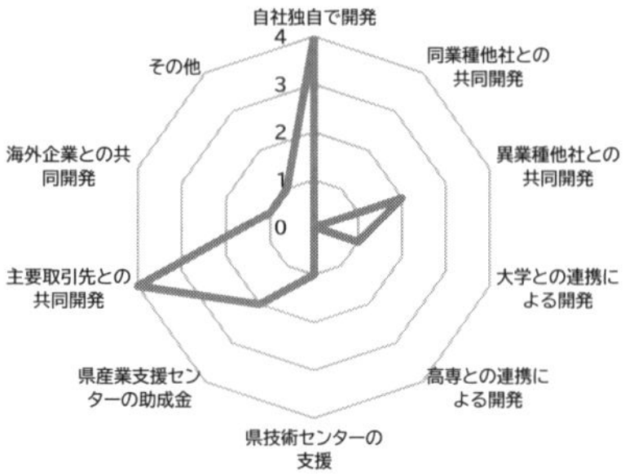

図 4.48　蓄電池関連分野の開発体制

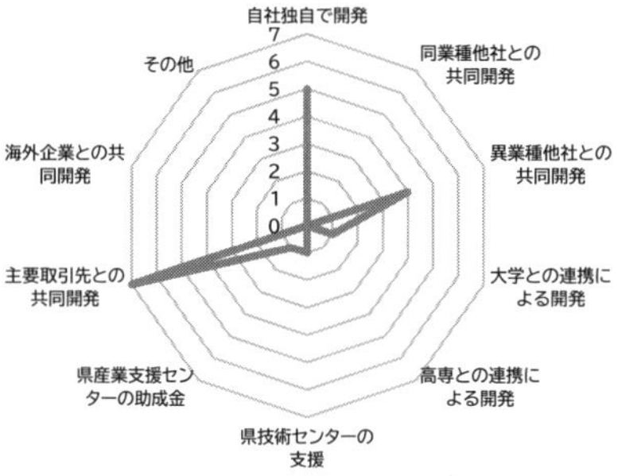

図 4.49　省エネ機器関連分野の開発体制

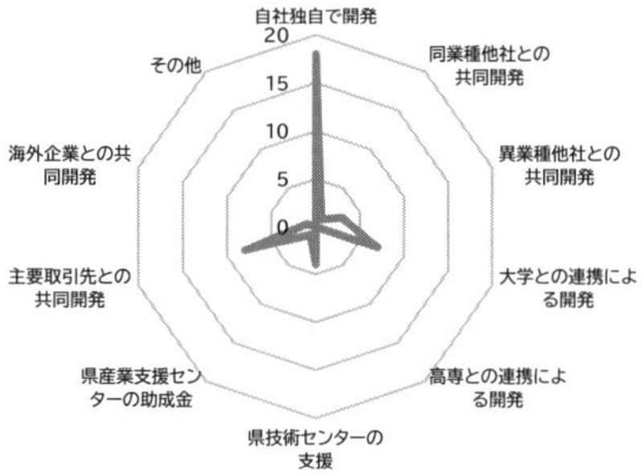

図 4.50　省資源化・再資源化関連分野の開発体制

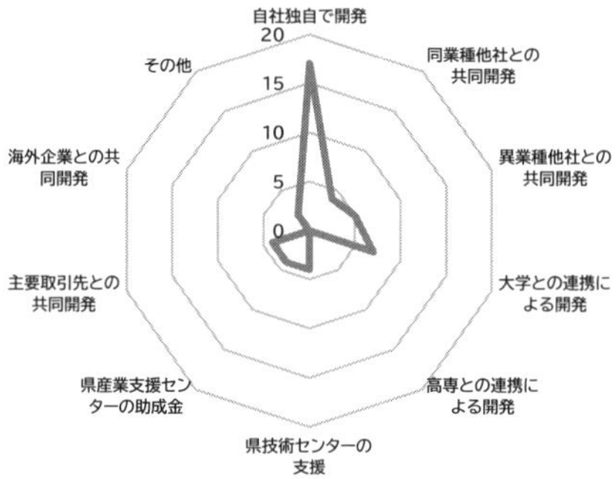

補足：数値は実数である。
出所：図 4.33 と同じ。

⑩　中小製造業の業種領域別の参入状況

図 4.51 が示すように、業種領域別では「金属製品製造業」の参入が比較的多くなっている。また「一般機械器具製造業」「電気機械器具製造業」及び「輸送機械器具製造業」の参入もある程度見受けられる。

図 4.51　中小製造業の業種領域別の参入状況（5 年以内の予定を含む）

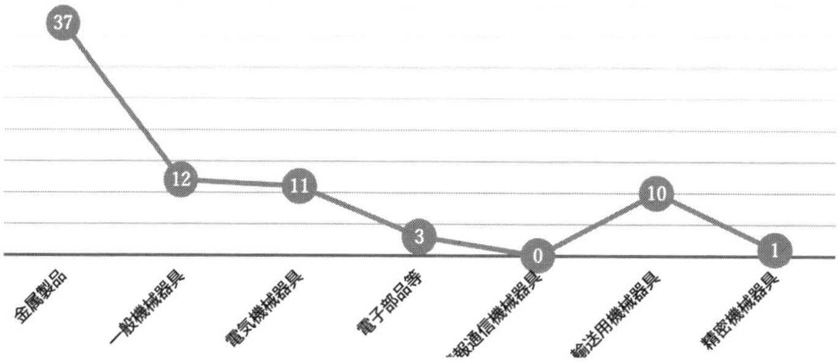

補足：数値は実数である。
出所：図 4.33 と同じ。

⑪　中小製造業の資本金規模別の参入状況

図 4.52 が示すように、資本金規模別では「1 億円以下」の企業の参入が多くなっている。

図 4.52　中小製造業の資本金規模別の参入状況（5 年以内の予定を含む）

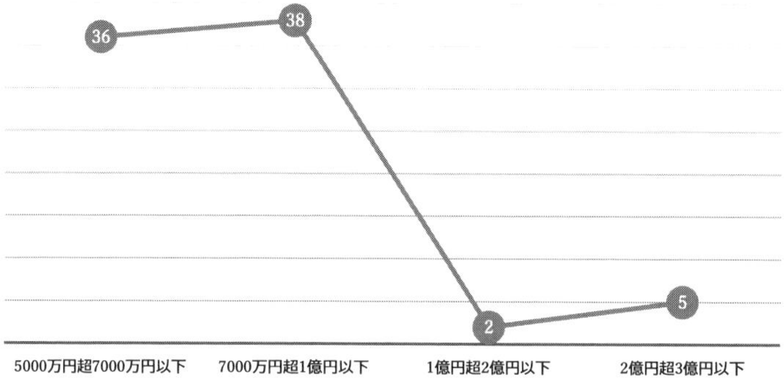

補足：数値は実数である。
出所：図 4.33 と同じ。

⑫　中小製造業の正社員数規模別の参入状況

図4.53が示すように、正社員数の規模別では「200人超300人以下」の企業の参入が多くなっている[110]。

図4.53　中小製造業の正社員数規模別の参入状況（5年以内の予定を含む）

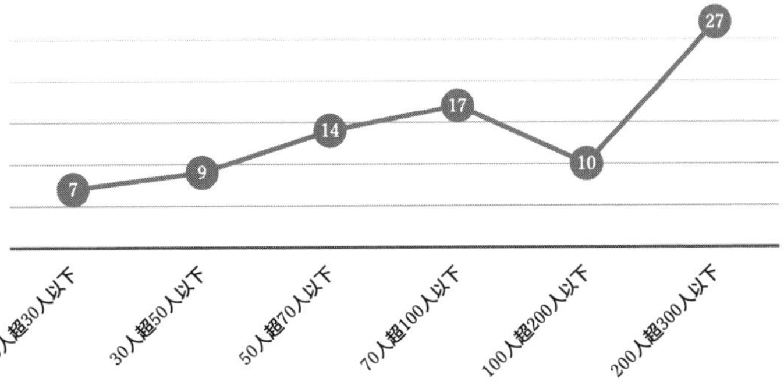

補足：数値は実数である。
出所：図4.33と同じ。

(4)　必要な支援施策

今回のアンケート調査では、脱炭素社会に対応した製品・部品等の開発・製品化に必要な支援・施策に関する自由記述回答の内容に関して共起ネット分析を実施し共起ネットワーク図を作成した。以下ではその結果について報告する[111]。

①　グループの抽出

この分析では、描画にはテキストマイニングソフトKH Coderを用いた。図では、文書で出現する単語（抽出語）のうち、共起関係にある（一緒に用いら

110)　但し、図4.53から図4.55の結果は、数値が実数であり且つ少数であること。また、今回の回収サンプルの特性などから参考データに留まる。

111)　この共起ネットワーク図の分析については、機械振興協会研究所の令和4年度調査研究事業「脱炭素社会における地域産業の再構築に関する調査研究委員会」の國分圭介委員にご指導頂いた。記して感謝するしだいである。

れる傾向にある）単語が線で結んで表現されている。円の大きさは単語が使われた頻度を表す。解釈を用意にするため、頻度が２を下回る単語を予め除外した。分析の結果、図 4.54 に示したように、共起関係にある以下の７つのグループが抽出された。

図 4.54　グループの描出

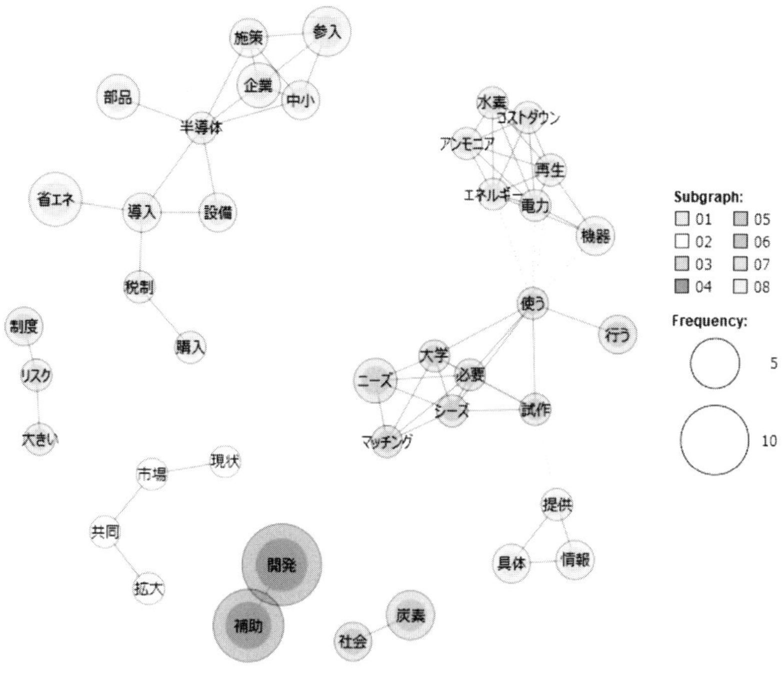

出所：図 4.33 と同じ。

② 「省エネ」「導入」「税制」などで構成されるグループ

「省エネ」「導入」「税制」などで構成されるグループの特徴は以下のとおりである。

図 4.55 「省エネ」「導入」「税制」などで構成されるグループ

「省エネ」「導入」「税制」などで構成される緑色のグループは、主に、省エネ導入に対する支援を求めるコメントである。
例:
「省エネ設備導入に対し中小企業支援施策の確立。」(#65)
「CO2 排出量削減に貢献し得る、省エネ型、高効率型の工作機械を購入・導入するユーザーに対する補助金または優遇税制の拡張。」(#80)

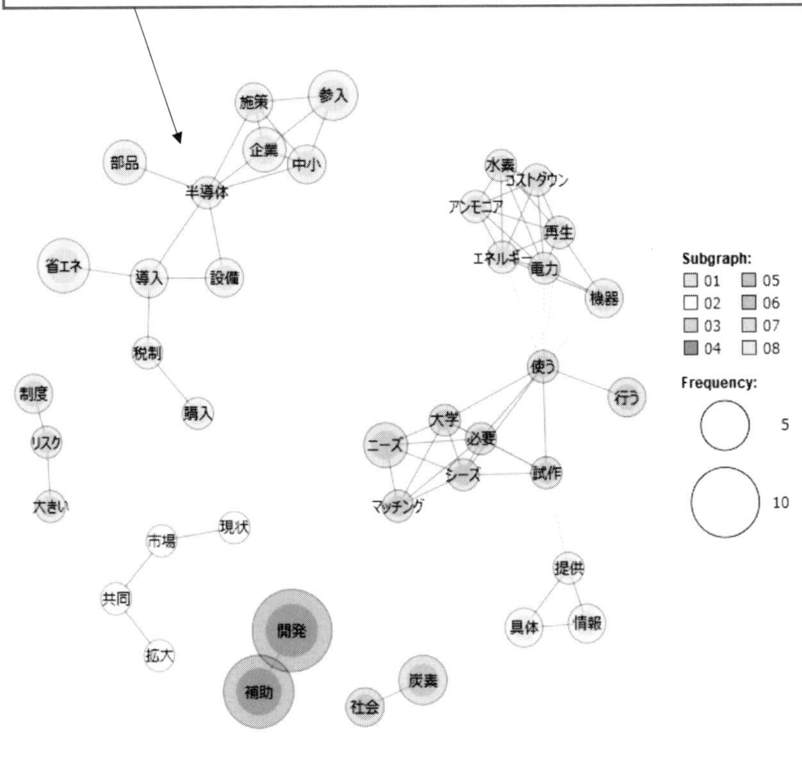

出所：図 4.33 と同じ。

③ 「制度」「リスク」「大きい」で構成されるグループ

「制度」「リスク」「大きい」で構成されるグループの特徴は以下のとおりである。

図 4.56 「制度」「リスク」「大きい」で構成されるグループ

「制度」「リスク」「大きい」で構成される紫色のグループは、主に、開発リスクの大きさと制度的支援に関するコメントである。
例：
「開発後の展開にリスクが大きいため、基準値以上の製品に対する買い取り保証制度などがあると、開発後のリスク軽減に繋がると考えます。」(#86)

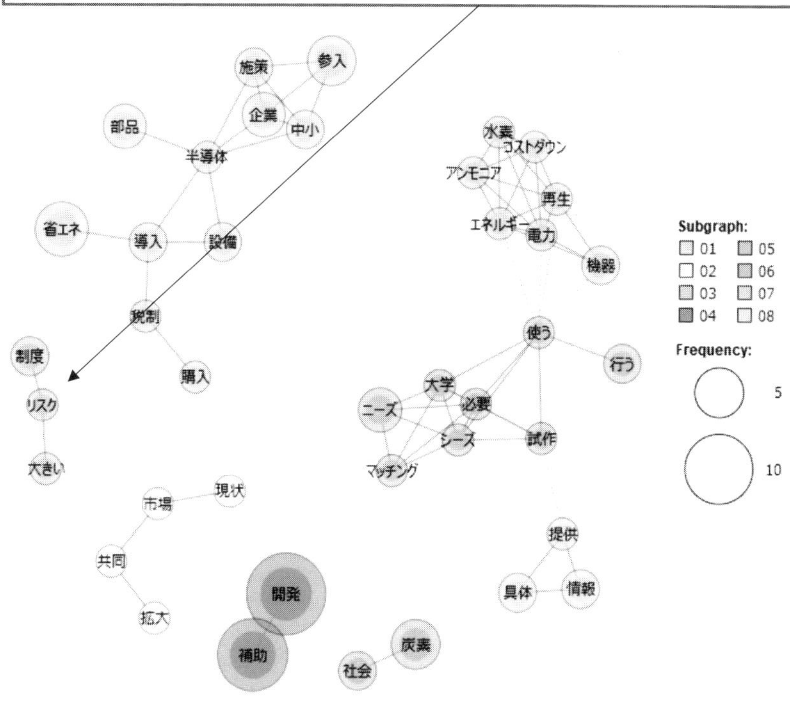

出所：図 4.33 と同じ。

④ 「市場」「共同」などで構成されるグループ

「市場」「共同」などで構成されるグループの特徴は以下のとおりである。

図 4.57 「市場」「共同」などで構成されるグループ

「市場」「共同」などで構成される黄色のグループは、主に、単体で支援を受けることの限界と、共同開発への支援に関するコメントである。
例:
「補助金支援、共同開発の相手先の拡大。」（#15）
「中小企業が独自で脱炭素市場に参入するのは難しい。大手企業が製品開発する為にサプライヤーを共同参画することを要件にした施策・補助金にする。」(#21)

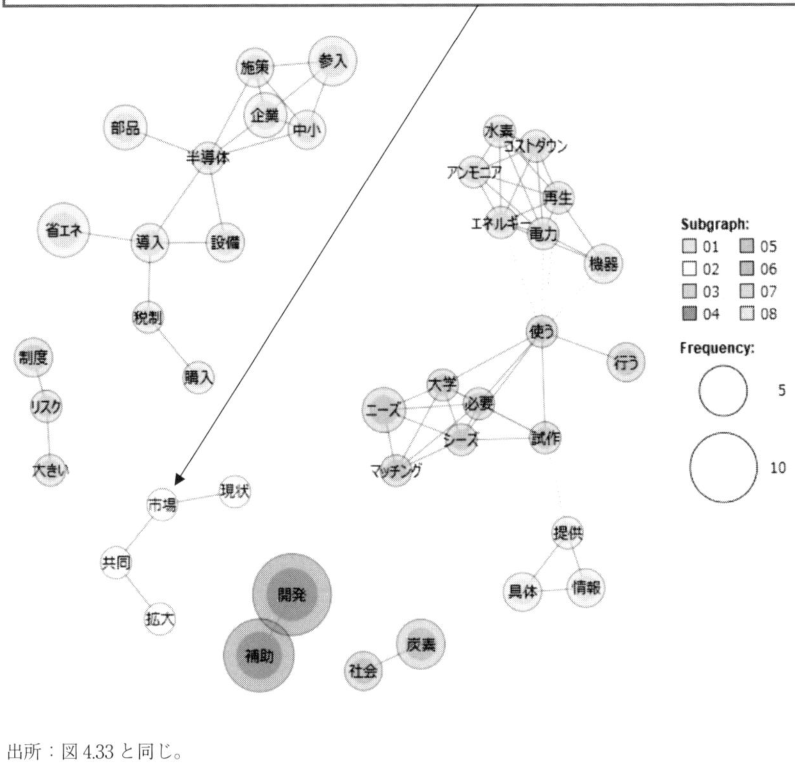

出所：図 4.33 と同じ。

⑤ 「開発」「補助」で構成されるグループ

「開発」「補助」で構成されるグループの特徴は以下のとおりである。

図 4.58 「開発」「補助」で構成されるグループ

「開発」「補助」で構成される赤色のグループは、主に、開発のための費用補助に関するコメントである。
例：
「開発に関わる設備の導入についての補助金、税制面の支援・助成金等。」（#7）
「ニーズの公示とマッチング。開発費用に対する補助金。」（#64）

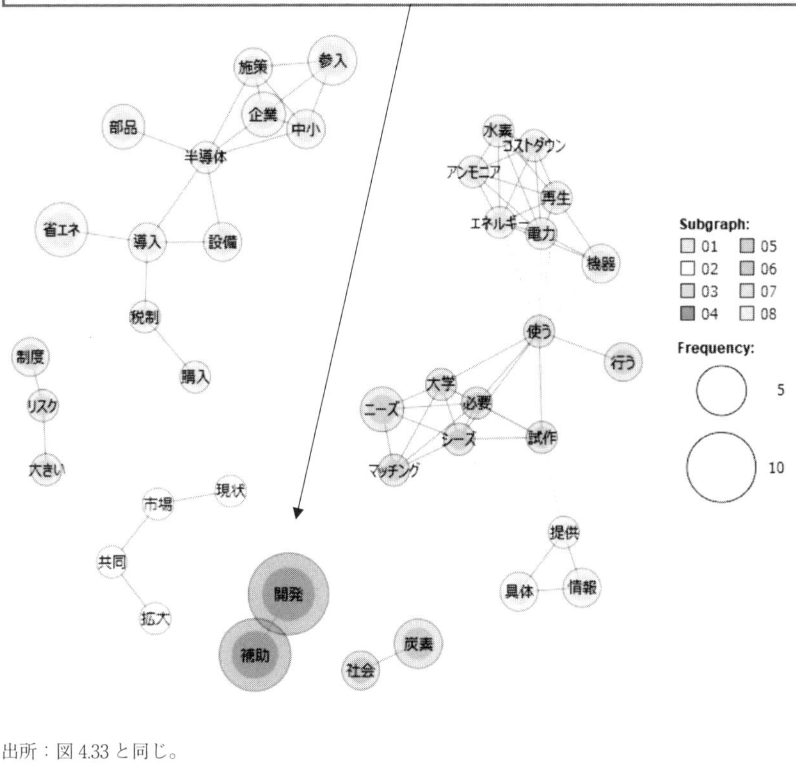

出所：図 4.33 と同じ。

⑥ 「再生」「エネルギー」「コストダウン」などで構成されるグループ

「再生」「エネルギー」「コストダウン」などで構成されるグループの特徴は以下のとおりである。

図 4.59 「再生」「エネルギー」「コストダウン」などで構成されるグループ

「再生」「エネルギー」「コストダウン」などで構成される黄緑色のグループは、主に、再生エネルギーを用いた電力のコストダウンに関するコメントである。
例:
「再生エネルギーを用いた電力のコストダウン。LNG に代わる水素、アンモニアによるボイラーのコストダウン。水素、アンモニアの安定供給体制。」(#44)
「生産工程(外注先)で再生可能電力を使うなどは行っており、製造面での脱炭素の評価が公的に充実してくれればいいと思います。」(#69)

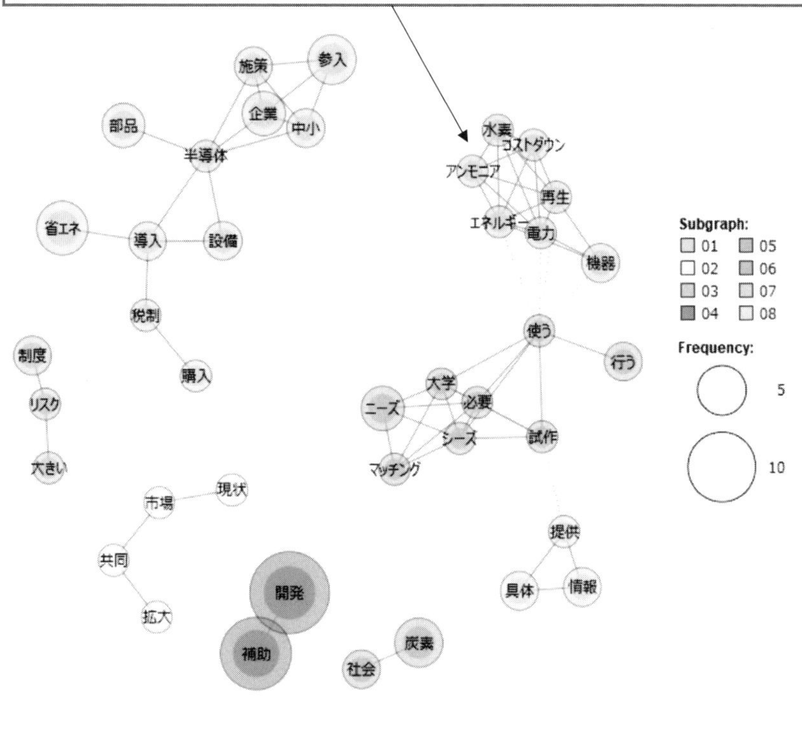

出所：図 4.33 と同じ。

⑦ 「ニーズ」「シーズ」「大学」などで構成されるグループ

「ニーズ」「シーズ」「大学」などで構成されるグループの特徴は以下のとおりである。

図 4.60 「ニーズ」「シーズ」「大学」などで構成されるグループ

「ニーズ」「シーズ」「大学」などで構成される青色のグループは、主に、大学等が保有するシーズと産業界のニ―ズとのマッチングに関するコメントである。
例：
「大学側のシーズに協力し、試作を行っているが、出力(ニーズ)側が見えにくい。補助金等を使ってはいるが、更なる援助が必要かと。」(#15)
「それぞれの分野で必要とされる技術等のニーズ調査や、それに対する大学等のシーズとのマッチング支援・助成。」(#42)

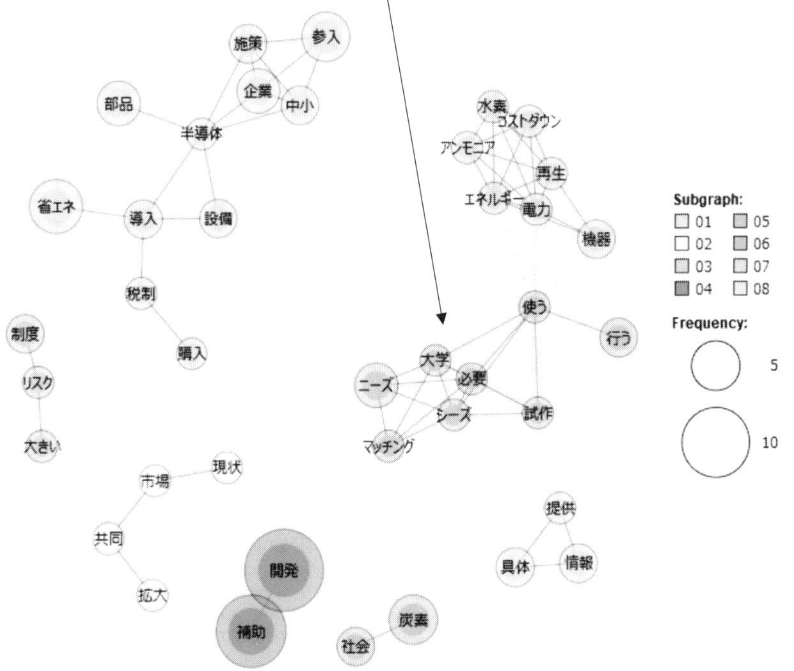

出所：図 4.33 と同じ。

⑧ 「情報」「具体」「提供」で構成されるグループ

「情報」「具体」「提供」で構成されるグループの特徴は以下のとおりである。

図 4.61 「情報」「具体」「提供」で構成されるグループ

「情報」「具体」「提供」で構成される桃色のグループは、主に、具体的な情報提供を求めるコメントである。
例：
「製品、部品等の試作等具体的な情報提供。」（#41）
「参入には大変興味はありますが、具体的なニーズとか内容がわからないのでその前段の情報提供がほしい。」（#47）

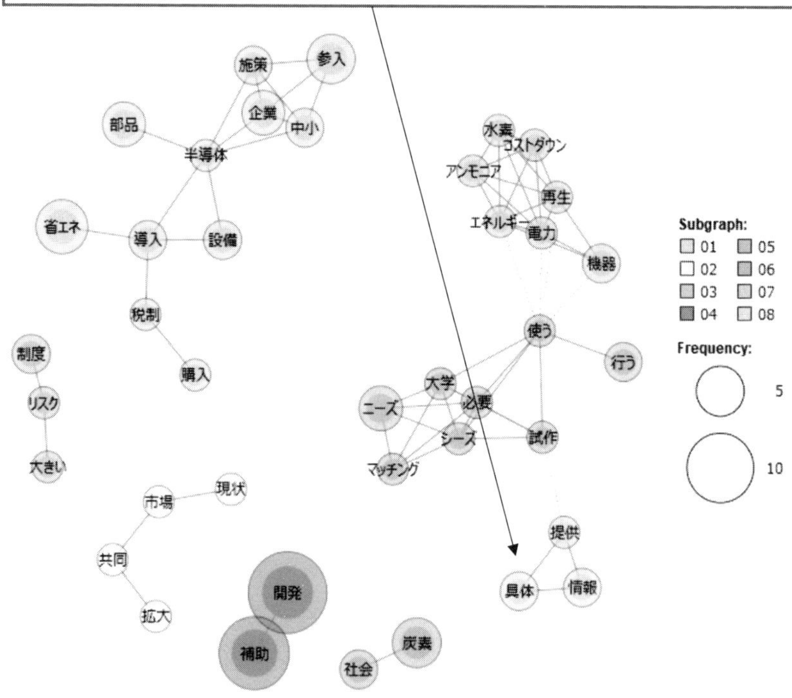

出所：図 4.33 と同じ。

⑨ 「炭素」「社会」で構成されるグループ

「炭素」「社会」で構成されるグループの特徴は以下のとおりである。

図 4.62 「炭素」「社会」で構成されるグループ

「炭素」「社会」で構成されるオレンジ色のグループは、主に、脱炭素社会に向けた姿勢や情報入手に関するコメントである。
例：
「弊社はファウンドリメーカーであるため、お客様が脱炭素社会に対応した製品に取組むかどうかに寄ります。」(#9)
「脱炭素社会の実現に向けて、現在の技術動向を教えて頂ける機会が欲しい(NH3、LH2 など候補は分かるが、決め手に欠けると思っている)。」(#35)

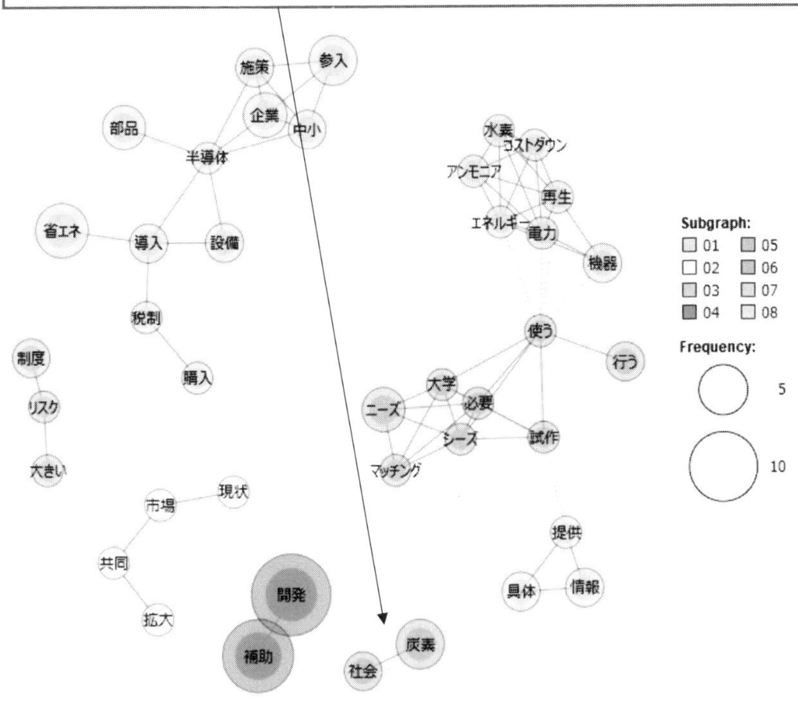

出所：図 4.33 と同じ。

⑩ 抽出内容の整理

以上から、「脱炭素社会に対応した製品・部品等を開発・製品化するために必要な支援・施策」としては、以下の7つに纏めることができる。

表4.3 脱炭素社会に対応した製品・部品等を開発・製品化するために必要な支援・施策

①省エネ導入に対する支援
②開発リスクの大きさをカバーする制度的支援
③単体で支援を受けることが難しい中小企業を対象とした、共同開発への支援
④開発のための費用補助
⑤再生エネルギーを用いた電力のコストダウン
⑥大学等が保有するシーズと産業界のニーズとのマッチング
⑦具体的な情報提供

(5) 脱炭素経営の課題

今回のアンケート調査では、自社が脱炭素経営を実践していく上での課題に関する自由記述回答の内容に関して共起ネット分析を実施し共起ネットワーク図を作成した。以下ではその結果について報告する[112)]。

① グループの抽出

この分析では、描画にはテキストマイニングソフトKH Coderを用いた。図では、文書で出現する単語（抽出語）のうち、共起関係にある（一緒に用いられる傾向にある）単語が線で結んで表現されている。円の大きさは単語が使われた頻度を表す。解釈を用意にするため、頻度が4を下回る単語を予め除外した。分析の結果、図4.63に示したように、共起関係にある次の7つのグループが抽出された。

112) この分析では、前掲までの共起ネット分析と同様に國分委員にご指導頂いた。記して感謝するしだいである。

図 4.63　グループの抽出

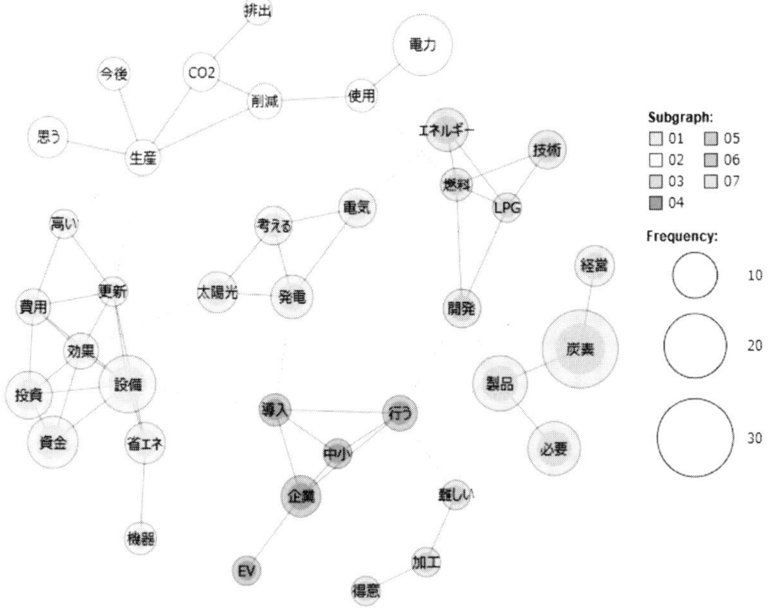

出所：図 4.33 と同じ。

② 「CO_2」「削減」などで構成されるグループ

「CO_2」「削減」などで構成されるグループの特徴は以下のとおりである。

図 4.64 「CO_2」「削減」などで構成されるグループ

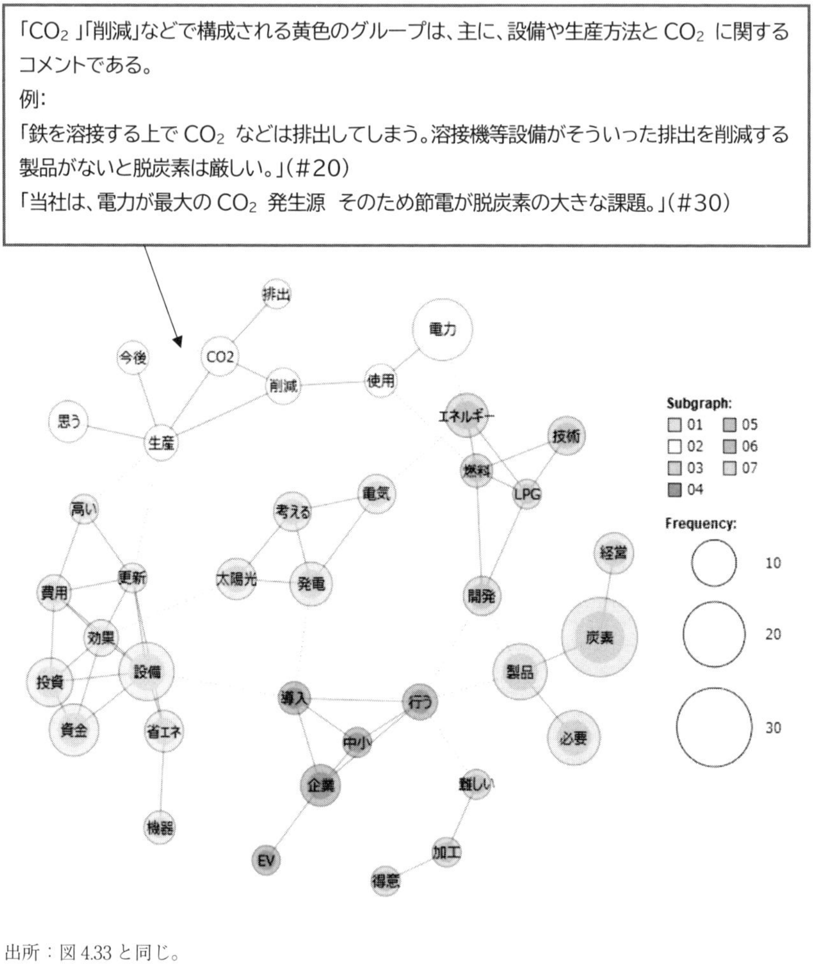

出所：図 4.33 と同じ。

③ 「設備」「資金」「費用」などで構成されるグループ

「設備」「資金」「費用」などで構成されるグループの特徴は以下のとおりである。

図 4.65 「設備」「資金」「費用」などで構成されるグループ

「設備」「資金」「費用」などで構成される緑色のグループは、主に、減設備投資に向けた資金確保に関するコメントである。
例:
「設備投資の資金確保。」(#8)
「本気で脱炭素を推進するのであれば、現状把握を徹底し、古い設備に対する更新費用の X% を補助として支給する制度が欲しい。中小企業が大半を締めるので、そこに対する導入しやすい制度を確立して欲しい！」(#65)

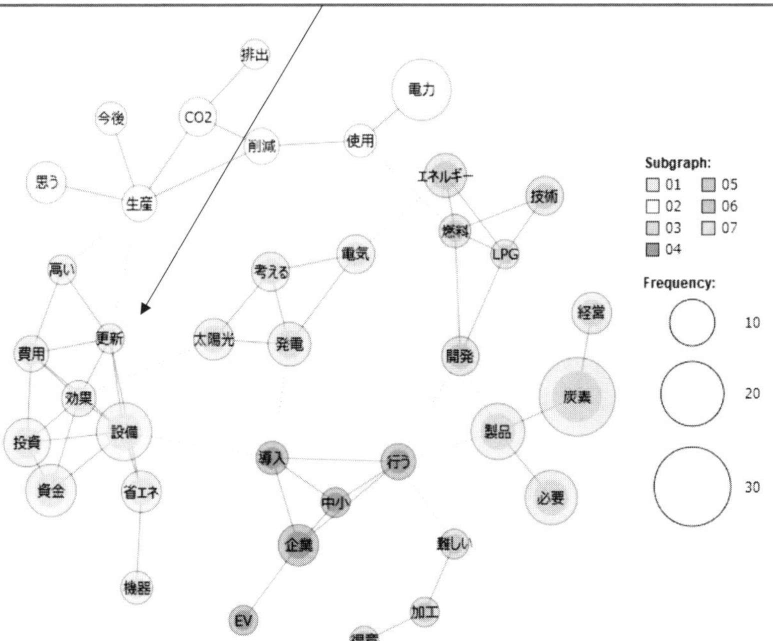

出所：図 4.33 と同じ。

④ 「太陽光」「発電」「電気」などで構成されるグループ

「太陽光」「発電」「電気」などで構成されるグループの特徴は以下のとおりである。

図 4.66 「太陽光」「発電」「電気」などで構成されるグループ

「太陽光」「発電」「電気」などで構成される黄緑色のグループは、主に、太陽光発電に関するコメントである。
例:
「太陽光発電のみで電気量をまかなうのは不可能であり、2050 年の CN を目指すには、他に何を行い、取り入れていかなければならないのか。その答えを出すことが課題であると考えております。」(#7)
「太陽光発電や蓄電池、高効率ボイラーなど多額の投資が必要となりますが、資金調達は非常に厳しいです。」(#56)

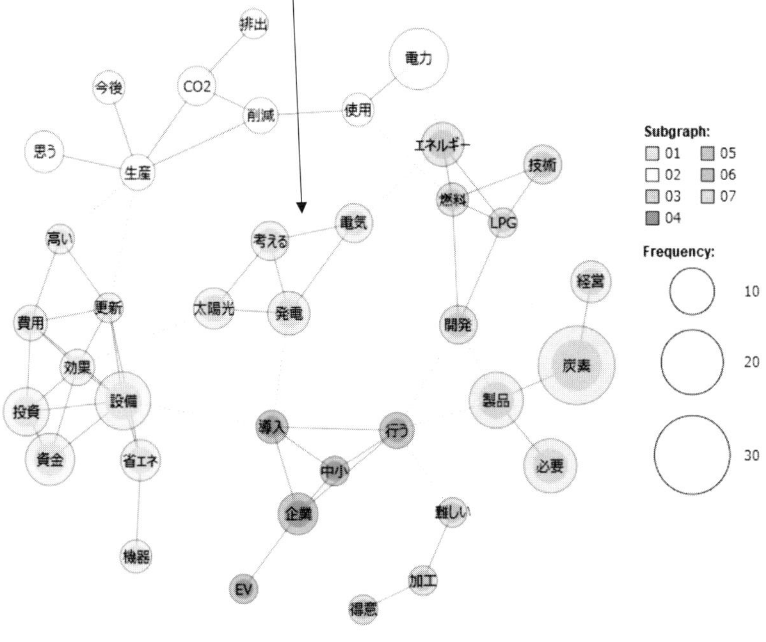

出所:図 4.33 と同じ。

⑤ 「企業」「EV」などで構成されるグループ

「企業」「EV」などで構成されるグループの特徴は以下のとおりである。

図 4.67 「企業」「EV」などで構成されるグループ

「企業」「EV」などで構成される赤色のグループは、主に、EV の普及と企業間格差の縮小に関するコメントである。
例:
「企業格差を少なくした上で、中小のサプライヤー企業と製品開発を行う。再エネ設備の導入補助を行い、発電・蓄電・EV の普及を促進する。」(#21)
「自動車の EV 化が進むと、部品点数が少なくなると言われている。今後の受注減が予測される。他の企業では生産が困難な難加工に力を入れ、受注量が減らないようにする。」(#28)

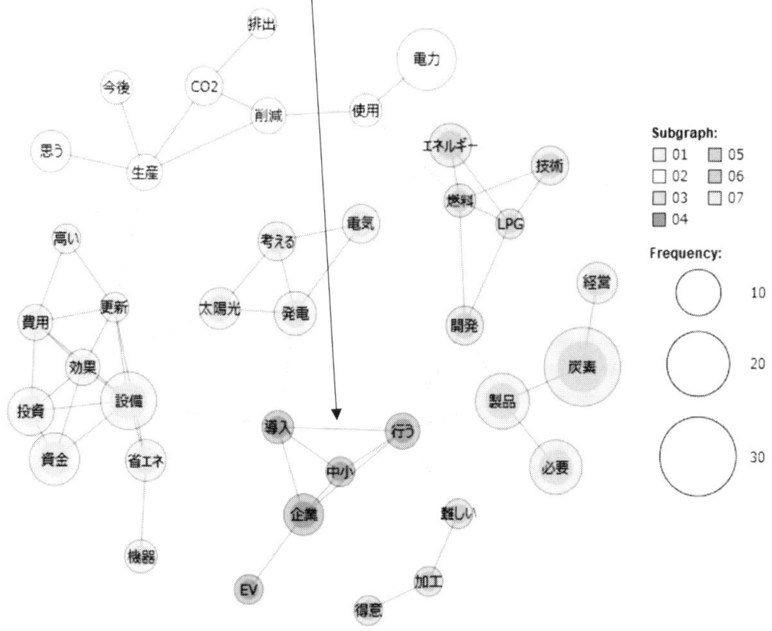

出所：図 4.33 と同じ。

⑥ 「エネルギー」「LPG」などで構成されるグループ

「企業」「EV」などで構成されるグループの特徴は以下のとおりである。

図 4.68 「エネルギー」「LPG」などで構成されるグループ

「エネルギー」「LPG」などで構成される青色のグループは、主に、LPG から他のエネルギーへの代替に関するコメントである。
例:
「アルミ溶解炉、熱処理炉のエネルギー、LPG から他のエネルギーへ(電気、アンモニア等)。廃熱利用技術」(#22)
「当社では電力と LPG を主たるエネルギーとして消費していますが、特に燃料系の技術動向がはっきりせず、投資・開発の方向性を定める事ができていません。」(#35)

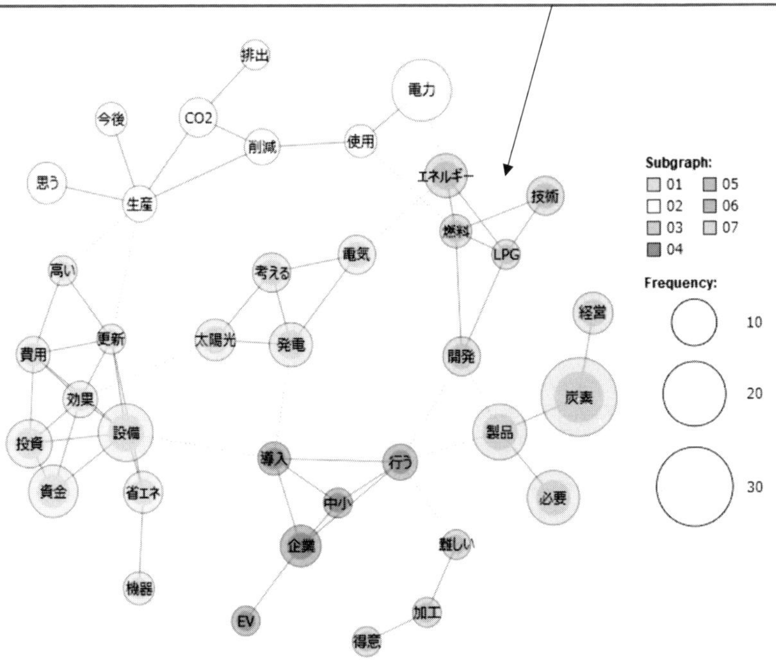

出所：図 4.33 と同じ。

⑦ 「炭素」「経営」「製品」などで構成されるグループ

「企業」「EV」などで構成されるグループの特徴は以下のとおりである。

図 4.69 「炭素」「経営」「製品」などで構成されるグループ

「炭素」「経営」「製品」などで構成される紫色のグループは、主に、脱炭素に向けた経営・製品に関するコメントである。
例：
「脱炭素社会のもとで当方が、脱炭素経営のもつ企業価値への影響をついぞ想像しアクションできていない点。」(#2)
「生産には多くの電力を必要としているが、脱炭素を達成するにはコストがかかる。(高い電力を買わなければ)なかなか製品単価に乗せられないのが厳しい。」(#42)

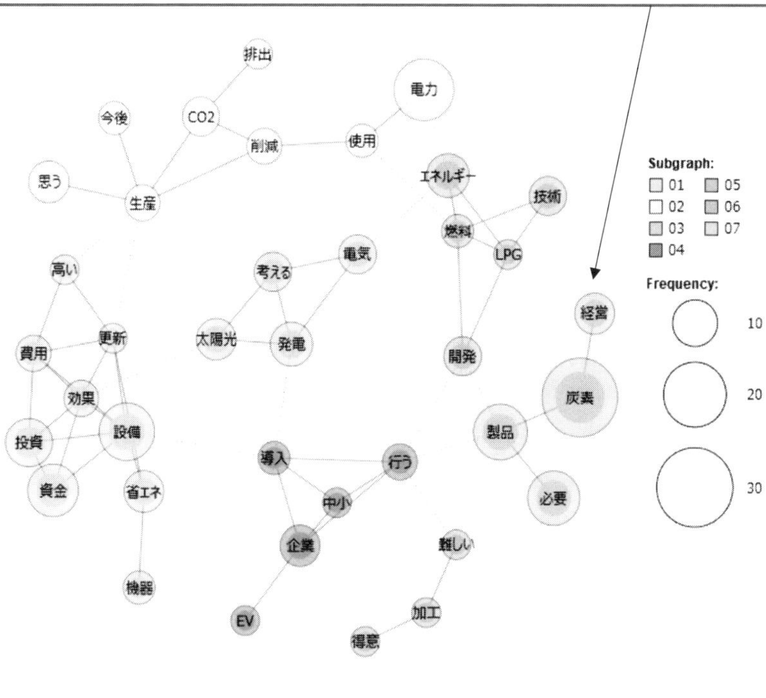

出所：図 4.33 と同じ。

⑧ 「炭素」「経営」「製品」などで構成されるグループ

「加工」「難しい」などで構成されるグループの特徴は以下のとおりである。

図 4.70 「加工」「難しい」などで構成されるグループ

「加工」「難しい」などで構成されるオレンジ色のグループは、主に、加工方法が原因で脱炭素が難しいことに関するコメントである。
例:
「得意分野が大型製缶加工なので、商品開発での脱炭素の取組はなかなか難しい。」(#52)
「現在、加工工程においてLPGや重油を利用しているが、これに代替する安く安定的に入手できる燃料が欲しいが難しい。」(#64)

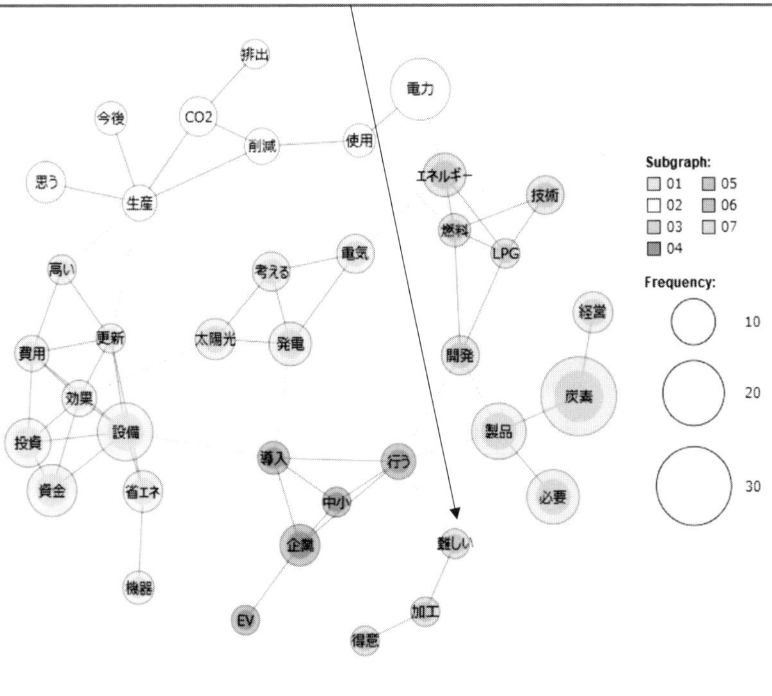

補足：LPG：液化石油ガス（Liquefied Petroleum Gas）の略称。
出所：図 4.33 と同じ。

⑨　抽出内容の整理

以上から、「自社が脱炭素経営を実践していく上での課題」としては、以下の７つに纏めることができる。

表 4.4　自社が脱炭素経営を実践していく上での課題

① CO_2 削減のための設備投資や節電
②設備投資に向けた資金確保
③太陽光発電
④製品開発への参画や加工技術の向上を伴う EV の普及
⑤ LPG から他のエネルギーへの代替
⑥脱炭素に向けた経営・製品の確立
⑦脱炭素を可能にする加工方法の改良

4.3　中小製造業と脱炭素社会の関係

(1)　脱炭素市場への参入状況

図 4.71 は、これまでの実態調査結果に基づいて、中小製造業の脱炭素市場への参入状況を比較したものである。この図が示すように、再エネ機器市場では「太陽光発電市場」、「風力発電市場」への参入比率が比較的高く、「中小水力発電市場」もある程度の比率になっている。一方、新エネ・省エネ等市場では、全体的に再エネ市場よりも参入比率が高い傾向が見られ、特に「省資源化・再資源化市場」及び「省エネ市場」の比率が高くなっている。

以上の結果から、現在、中小製造業では脱炭素社会の実現に貢献する機器や部材等の開発・製品化のターゲット市場に対しては、再エネ市場よりも省資源化・再資源化市場や省エネ市場への関心が高いことが分かる。そして、こうした傾向の背景については、第一に、当該市場は環境保全など環境産業として製造業の多くが従来から取り組んできた分野であること。第二に、当該市場は FIT や発送電といった新制度の影響を受ける再エネ市場とは異なり、工場や施設用の設備機械あるいは車や家電等で使用される多種多様な製品・部材で構

図 4.71　中小製造業の各市場への参入状況（予定含む、%）

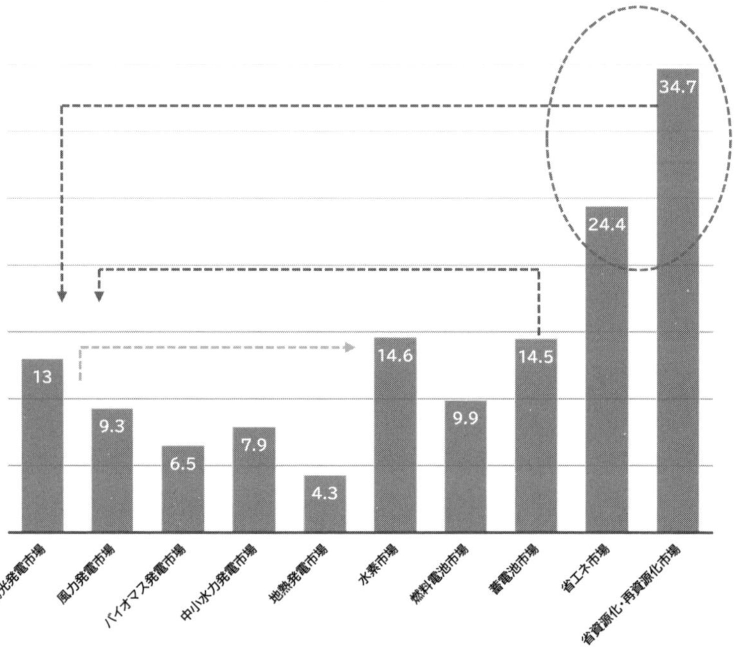

注：太陽光発電市場から地熱発電市場までの比率は平成 21 年度調査結果、水素市場から省資源化・再資源化市場までの比率は平成 22 年度調査結果による。
出所：図 4.33 と同じ。

成されている市場であるため、中小製造業が自社の技術や技能を活かして参入し易い分野であること[113)]。以上の２点を指摘することができる。換言すると、現時点では、中小製造業にとって省資源化・再資源化市場や省エネ市場は「身近な市場」になってきているのに対して、再エネ市場は「未だ遠い市場」とし

113)　省資源化とは、製品の小型化、軽量化、中間処理や長寿命化などを行って、使用する資源量を減少させる、また、最終処分される廃棄物量を減少させる製品、部品の小型化、軽量化、省資源化原材料、部品の標準化などを意味する。再資源化とは、金属や樹脂材料などのリサイクルを行い、使用する資源量を減少させる、また、最終処分される廃棄物量を減少させる再資源化、再生材の使用、製品の解体・分解性、再資源化の推進、破砕処理への対応、汚染の未然防止のための有害物質部位の取り外しの容易化、取り外し容易性、原材料名の表示などを意味する。

て認識されているものと考えられる。

(2)　中小製造業の脱炭素経営の本質的課題

機械振興協会経済研究所の令和 4 年度の実態調査では、自社の脱炭素経営への取り組み課題の回答内容について共起ネットワーク分析の結果が示されたが、その結果を整理すると、中小製造業の脱炭素経営の課題については、①CO_2 削減のための設備投資や節電、②設備投資に向けた資金確保、③太陽光発電、④製品開発への参画や加工技術の向上を伴う EV の普及、⑤ LPG から他のエネルギーへの代替、⑥脱炭素に向けた経営・製品の確立、⑦脱炭素を可能にする加工方法の改良、以上の 7 項目が抽出された。そこで、さらに中小製造業における脱炭素経営における本質的課題を整理すると以下のようになる。すなわち、第一に、工場内の設備投資にかかるコスト・資金問題、第二に、製造・生産に必要なエネルギー問題、第三に、加工方法の改良といった技術問題、第四に、輸送時の CO_2 削減といった物流問題、以上の 4 つである（図 4.72 参照）。

図 4.72　中小製造業における脱炭素経営の本質的課題

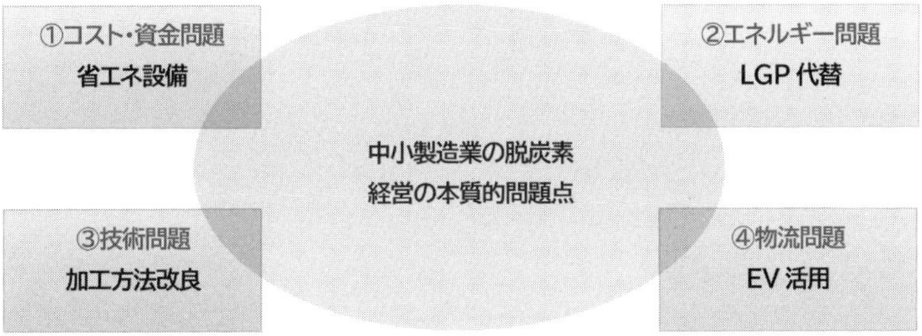

出所：図 4.33 と同じ。

参考文献

機械振興協会経済研究所（2022）「脱炭素社会に向けた国内産業集積の発展戦略―再生可能エネルギー分野への中小製造業の参入状況を中心に―」。
機械振興協会経済研究所（2023）「脱炭素社会における地域産業の再構築―先進地域及び中小企業等の取り組みに基づいて―」。

第5章

脱炭素社会における地域イノベーションに向けて

概 要

最終章となる本章では、はじめに、エネルギー自治として地産地消型再エネ機器の積極的な活用を実現している欧州モデルを日本に導入した場合の限界性を指摘した上で、地域産業創造を成功させるポイントをイノベーション・エコシステムとコレクティブ・インパクトの概念を用いて考察する。次に、本書で取り上げた地産地消型再エネ機器の特徴と中小製造業の参入状況について振り返り、最後に、脱炭素社会における地域イノベーションに向けた今後の展望を示し本書のむすびとする。

5.1 欧州モデルの導入とその限界性

世界規模で進む脱炭素社会の実現に向けた動きと 2011 年の東日本大震災の津波に伴う福島第一原発事故を契機に、日本でも大規模電源の 1 つである原発の在り方が問われ、化石燃料に依存する火力発電の効率化への取り組みが活発化している。一方、2012 年 7 月にわが国でも再エネの固定価格買取制度（FIT：Feed-in Tariff）が制定されたことを受け、特に太陽光発電や陸上風力発電の普及が急速に拡大した。この時期からわが国の電源は、集中型電源依存から集中型電源と分散型電源が併存する時代へとシフトしたと見ることができよう。

しかしながら、その後、太陽光発電や陸上風力では、低レベルな再エネ事業者によって再エネ機器の安全性や持続性が問題となり、それに加え、再エネ事業者と地域住民の間で防災面や環境面などを理由とする関係悪化がみられるなど様々な問題が発生した。このような事態を受けて、国は 2016 年 6 月に再エネ特別措置法を改正し、再エネ発電事業計画を認定する新たな認定制度を設け、再エネ事業者が計画策定を行う上で必要なガイドラインを定めた。また、2021年10月に閣議決定された「第6次エネルギー基本計画」では、世界的に取り組みが加速している気候変動問題への対応とわが国のエネルギー需給構造が内包している課題の克服という2つの柱が掲げられ、さらに、2022年4月からは電力市場の価格と連動した発電を促す目的から、FIP制度（フィードインプレミアム：Feed-in Premium）が導入されている。

こうしたわが国のエネルギー政策の転換期に呼応する形で、「2050年二酸化炭素実質排出量ゼロ」を表明する地方公共団体、すなわち、「ゼロカーボンシティ宣言都市」の増加傾向が近年顕著となっており、その実現に向けて地域内の省エネ、再エネ、創エネなどに専門に取り組む活動体が全国各地で誕生している。本書第2章及び第3章で取り上げた長野県飯田市のおひさま進歩エネルギー、福岡県みやま市のみやまスマートエネルギー及び兵庫県神戸市にバイオマスラボを開設した徳島地域エネルギーは、その中でも先進的な取り組みを開始している活動体であった。

一方、これら3つの活動体の経営理念には、欧州のビジネスモデルが影響を与えていることが実態調査から明らかとなった。すなわち、長野県飯田市のおひさま進歩エネルギーや福岡県みやま市のみやまスマートエネルギーでは、会社設立の初期段階において共にドイツの「シュタットベルケ（Stadtwerke）・モデル」を参考にしている点で共通していた。また、バイオマスボイラーによる地域経済循環の事例においてもそのスキームの根底にはシュタットベルケ・モデルに似た考え方が見受けられた。

「シュタットベルケ」とは「町の事業」あるいは「自治体エネルギー公益事業体」の意味で、具体的には自治体の委託を受けて住民に必要なサービスを提供する企業のことである。地域の中で自然エネルギーなどを調達して、ローカルなエネルギーの循環による地産地消型の経済を目指しているドイツでは、国内に自治体単位で900社以上のシュタットベルケが存在している。その事業の内容は、電力・ガスのエネルギーから、水道、通信、路線バスなど公共インフラまで多岐に亘り、電源はバイオマス、太陽光、風力など、個々に異なっている。また、バイオマスの燃料による熱供給では病院や学校などの公共施設のほか、アパート、フィットネスセンター、工場への給湯・暖房用など、民間施設にも供給されている。なお、保坂（2022）によれば、こうしたドイツの再生可能エネルギーの活用は、従来型の地域におけるエネルギーの流れ（図5.1パターンA）とは異なり、「価値創造型」であるとされる（図5.1パターンB）。

図 5.1　地域におけるエネルギーの流れ

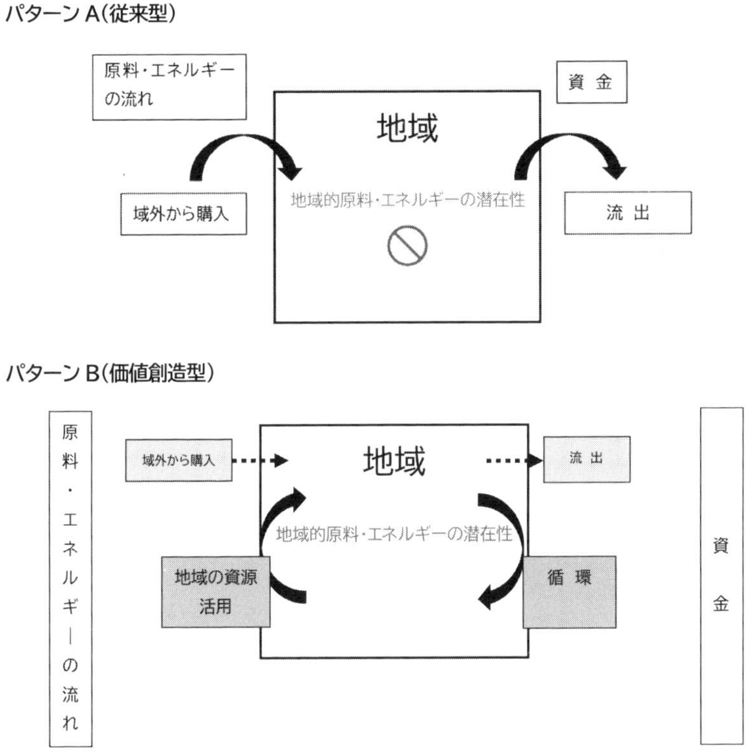

出所：保坂（2022）p.35 を参考に筆者作成。

しかし、日本国内の中小製造業やベンチャー企業による再エネ機器を軸に地域産業の再構築を目指す場合、シュタットベルケ・モデルには課題が残る。なぜならば、シュタットベルケ・モデルではあくまでも再エネ事業を軸にした地域エネルギーによる価値創造と公共インフラの充実に重点が置かれており、地域産業、特に地域の中小製造業やベンチャー企業との関わりはあまり明確化されていないからである。換言すると、シュタットベルケ・モデルは地域エネルギー政策に重点が置かれているため、地域産業振興策としての意味合いが希薄なのである。

例えば、本研究で取り上げた「飯田モデル」や「みやまモデル」において導入されている再エネ機器（太陽光発電機器や小水力発電機器等）と地域中小製造業との関わりは決して強いとは言えない。また、バイオマスボイラーの事例においても導入されているボイラーは欧州製である。一方で、第3章で取り上げた中小製造業やベンチャー企業による小水力発電分野への参入では、シュタットベルケ・モデルとは異なり、企業自ら各地域の地産地消型再エネ機器の1つである小水力発電の開発・製造・普及を行っている。

以上から、国内の中小企業やベンチャー企業によって地産地消型再エネ機器の普及による地域イノベーションを実現するためには、ドイツとは異なる“日本版シュタットベルケ”の構築が必要であると推察される。そこで、次節では、そのための理論的枠組みとして、イノベーション・エコシステム及びコレクティブ・インパクトの概念を用いて、脱炭素社会における地域産業の創造について考察する。

5.2　地域産業創造のためのイノベーション・エコシステムとコレクティブ・インパクト

(1)　イノベーション・エコシステムの考え方

ドイツのシュタットベルケ・モデルとは異なり、日本国内の中小製造業やベンチャー企業が開発・製品化した地産地消型再エネ機器を用いて全国各地に新たな地域産業を形成していく上で必要となるのが、イノベーション・エコシステムの考え方である[114)]。イノベーション・エコシステムは、構成部品（com-

114)　イノベーション・エコシステムという観点が必要な理由については、例えば、中小企業研究センター（2023）を参照。

ponents）のサプライヤー、焦点が当たっている中核的な企業（focal firm、以下、焦点企業）、補完資産・技術・活動等の供給者（complementor、以下、補完者）という参加者（以下、総称する場合はパートナーという）を用いて図 5.2 のように示される。

なお、サプライヤーと補完者との違いは、焦点企業からみてバリューチェーンの下流に位置する（補完者）か、上流に位置する（サプライヤー）かによる。

図 5.2 「イノベーション・エコシステム」の基本形

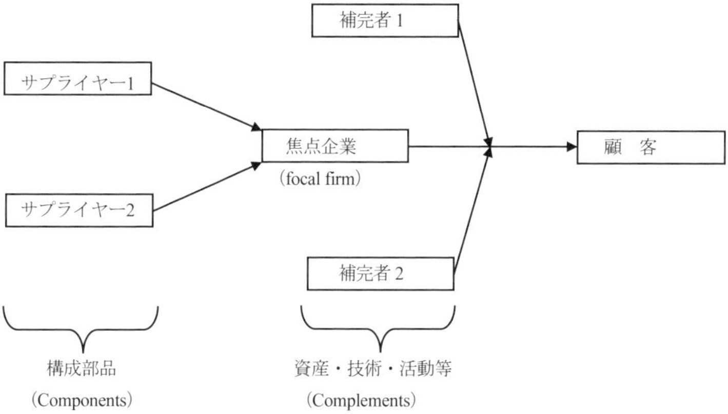

注１：イノベーションは、「焦点を当てている価値提案」が財やサービスとして、対象企業（焦点があたっている企業）から最終消費者に対してもたらされることになる。
注２：本章で「焦点企業」は、調査対象企業とみなされる。
注３：焦点企業（調査対象企業）からみて、サプライヤー（上流）と補完者（下流）は、バリュー・チェインの中で現れる場所が異なる。
注４：サプライヤー１とサプライヤー２の関係は、生産面での補完関係の場合も、競争（代替）関係の場合もあり得る
注５：補完者には、一般的な補完物を提供する企業は含まない（何らかのカスタマイズがされている場合にのみ、エコシステムに含まれる）
注６：焦点企業がサプライヤーの役割を兼任する場合や（垂直的統合のケース）、焦点企業が補完者の役割を兼任する場合もある。
注７：顧客は、補完者が提供する資産・技術・活動等が無ければ、ベネフィットを得ることはできないか、得られるベネフィットが減少する。
注８：焦点企業がプラットフォーマー（例えば、iOS や Android 提供者）である場合は、補完者が多ければ多いほど、顧客のベネフィットは多くなると考えられる（ネットワーク効果）

出所：Adner, A. (2017). “Ecosystem as structure: An actionable construct for strategy”, *Journal of Management* 43（1）を一部修正の上、訳出して注を付与。

(2)「みやまモデル」からの示唆

これまで本書の各章で紹介した山形県真室川町、長野県飯田市、福岡県みやま市あるいは小水力発電やバイオマスボイラーに関わる中小企業の取り組み事例は、いずれも上述のイノベーション・エコシステムという観点から捉えることができる。そこで、以下では、代表的事例として、福岡県みやま市の「みやまモデル」―みやまスマートエネルギー」(地方公共団体が出資する新電力会社)が展開する、地域電力事業(みやまんでんき)と生活支援サービス(みやまんサービス)を融合させたサービス―を取り上げてみよう。

みやまモデルについて、「焦点企業」を「みやまスマートエネルギー」として「イノベーション・エコシステム」を当てはめれば、「顧客」は地域の家庭、事業所等である。また、サプライヤーには福岡県みやま市、筑邦銀行(以上、出資者)、みやまエネルギー開発機構等(発電・エネルギー供給業者)などが含まれ、補完者には、九州電力(送電・配電サービス供給業者)、「みやまんサービス」関連業者などが含まれることになる(図5.3参照)。

図5.3　みやまモデルの「イノベーション・エコシステム」

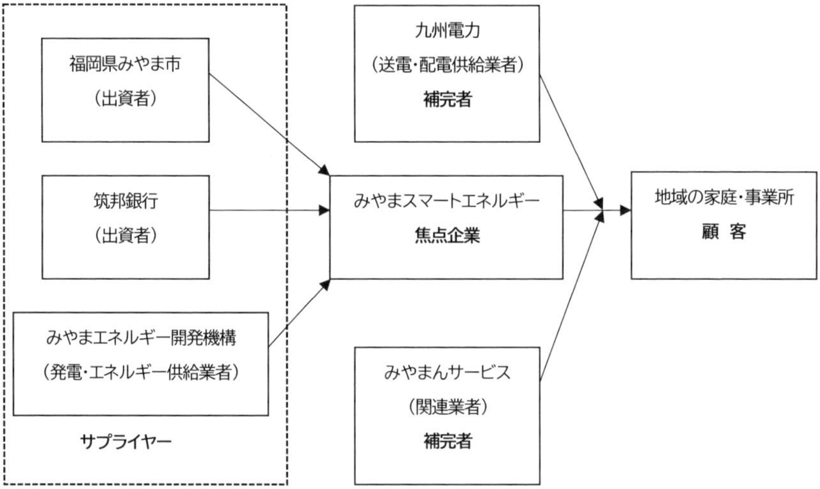

出所:筆者作成。

しかしながら、このような取り組みの成果については、順風満帆とは言い難い状況が存在していたことも忘れてはならない。例えば、かつては「みやまんサービス」の一環として、HEMS（Home Energy Management System（ヘムス）：住宅エネルギー管理システム）機器を利用した「高齢者見守りサービス」や「みやまHEMSサービス（でんきの見える化）」も提供されていた。だが、これらのサービスは、技術的な意味で補完性がありながらも高齢者の情報リテラシーの低さ等で利用が広まらず中止されている。また、みやまスマートエネルギーは、創業から第3期となる2017年3月期までは赤字決算を計上し、債務超過に陥っていた（その後、現在は債務超過は解消）。さらに、みやまスマートエネルギーと当時株主であったみやまパワーHD（全国の地域電力事業の事業性評価、需給管理支援、みやまんサービス等を担当）との間で利益相反取引の課題も抱えていた（その後、2020年5月に、みやまスマートエネルギーが、みやまパワーHDが保有する自社株を全株買い取り）。

こうした経緯をもつ「みやまモデル」が示唆するのは、イノベーション・エコシステム全体を見通して、顧客、補完者、サプライヤーらエコシステム参加者、あるいはエコシステムに関連するステークホルダーを適切に選定・配置し、それぞれと強固な関係を築くことの重要性であり、そして、そのためには焦点企業を核にしながらイノベーション・エコシステムの形成に対して長期的に取り組むための理念の共有化が図られなければならないのである。

(3)「コレクティブ・インパクト」実現に必要な5つの要素

これまで私たちは、2年間にわたる調査研究を踏まえて再生可能エネルギーを題材に中小企業等による「CSVのエコシステム」の可能性あるいはイノベーション・エコシステム構築の可能性について検討してきた。その中で得られた結論は、中小製造業者がCSVに取り組む際には、目先の仕事や問題とは別に社会的な問題やニーズを常に探索すること、また、参入する際には、関連分野のバリューチェーンの全体を把握し、自社のリポジショニングを図ることが重要になるということであった。また、その際、経営資源に制約がある中小企業やベンチャー企業にとっては、問題解決・ニーズ充足の上で地域での協働やクラスターの形成が有効であることが指摘されていた[115)]。さらに、既述の「みやまモデル」をはじめとする事例調査から明らかになったことは、様々なステークホルダーを伴う地域社会の中でイノベーション・エコシステムを構築することは一筋縄ではいかないという困難性であった。

ところで、このような様々なステークホルダーによる地域の事業を実現する方法として近年注目されているのが、各ステークホルダーがそれぞれの壁を越えて協業してCSVを実現しようとする「コレクティブ・インパクト」である。Kramer and Pfitzer (2016) は、「コレクティブ・インパクト」を実現するために必要なものとして、次のような、5つの要素をあげている[116)]。

①「共通のアジェンダ」(A common agenda)：エコシステム参加者の間で、問題解決に関するビジョンや協働作業の必要性、あるいは課題・基本方針・行動計画等が共有されること。

②「共有された評価システム」(A shared measurement system)：課題解決や計画達成等の成功について、具体的な指標について共通の認識を持つこと。計画や行動の調整に利用する。

③「相互に強化されるような活動」(Mutually reinforcing activities)：エコシステム参観者の強みや弱み、多様なステークホルダーの利害関係等を踏まえ、それぞれの活動が相互の強化されるようにイニシアティブをとること。

④「継続的なコミュニケーション」(Constant communication)：エコシステム参加者は、相互に信頼関係を構築し、また、それぞれの目的を調整してコレクティブ・インパクトを実現すべく、定期的にコミュニケーション

115) 詳細については、機械振興協会経済研究所 (2022) 参照。

116) なお、CSVについては、①製品・市場の用途を改めて考える (Reconceiving Products and Markets)、バリューチェーンでの生産性を再定義する、③地域クラスターの開発を確立する、という3つの方法があるという。詳細については、Porter and Kramer (2011) を参照。

をとること（engage in frequent and structured communication）。

⑤「専門の“バックボーン”支援」（Dedicated “backbone” support）：エコシステム構築の成功、あるいはコレクティブ・インパクト実現に向けて、プロジェクトを主導するような、独立した組織を構築すること。

以上のような成功要因は、脱炭素社会に向けた地域や中小企業等の取り組みを成功させる上で参考になろう。いずれにせよ、本書で紹介されている事例は、いずれも比較的新しいものであり、取り組みの成功や失敗を判断するには時期尚早である。しかしながら、様々な困難に直面しながらも問題を解決しながら事業を続ける事例から学ぶものは多いと言えよう。

5.3　中小製造業の脱炭素市場への参入状況と今後の可能性

(1)　地産地消型再エネ機器とその特徴

小水力発電、バイオマスボイラー、地熱発電といった地産地消型再エネ機器は、その地域が有している自然エネルギーに依存しており、その利活用が徐々に進んでいる機器である。また、小水力発電については、北嶋（2022）が論じているように、わが国では既に100年以上前に日本各地で利用されていたが、遠距離高圧送電網の整備や巨大ダムの建設によって各地の電力会社の集約化・大型化が進み、長らくわが国のエネルギー政策の表舞台から消えていた。しかし、2012年のFIT制度の導入によって小水力発電は身近な再エネ機器として俄かに注目されることとなった。

これに関連して第３章第１節では、国産の小水力発電の開発・普及に向けて取り組んでいる中小製造業やベンチャー企業の活動が紹介され、小水力発電の開発・普及について以下の指摘がなされた。すなわち、第一に、「支援体制」整備の重要性である。小水力発電に取り組む中小製造業及びベンチャー企業では自社のイノベーション活動を開始する以前から、その地域に大学研究者、行政といった「支援者」が存在しており、両社とも初期段階から技術面・経営面で彼らからの支援を受けることができたが、それを可能にしたのは地域の大学が早くから地域資源を活かした研究分野に注力し、研究者も同分野での研究を進めていたこと、また行政においても早くから産業振興策を策定し、同分野での企業の支援活動にあたっていたことである。大学や行政といった公共性の強いセクターが「支援体制」の整備を始めれば、地域金融機関など民間企業もこれに追随してくる。以上から、地域資源を活用した企業・産業の萌芽・発展を目指す上で、地域の公共的セクターが有望な地域資源を見極め、一足早く支援活動の準備を進めておくことが重要である。

第二に、「技術の共通性」を認識することの重要性である。つまり異なる再エネ分野の間にみられる技術の共通性である。風力・水力発電機に使われる風車・水車はともに「流体機械」という研究分野にあり、そこで使われる解析技術には共通性がある。そのため、大学の研究分野を風力発電から水力発電に切り替えることが可能になったのである。また地域の風力会社で育った人材が小水力発電のベンチャー企業で活躍することも可能になったのである。このように1つの再エネ分野で育った人材が他の再エネの振興に役立つことが確認されたが、それは再エネ分野には人材の共通基盤があることを示唆しており、そうした人材を育成していくことが地域に再エネ関連産業を定着・発展させることの一助になることが確認されたのである。

一方、バイオマス発電や熱利用については、森林資源に恵まれている日本の国土を背景に特に木質バイオマスへの期待が高まってきているが、エネルギー源となる木材を如何に安価に安定的に供給できるか、が重要となっている。言い換えれば、バイオマス発電や熱利用では、再エネ向け資源の供給体制の構築が大きな課題となっている。そうした中、第3章第2節及び第3節では、バイオマスボイラーの普及に取り組んでいる団体の活動や山形県真室川町の製材所におけるバイオマスボイラー利用の事例が示された。特に団体が提唱している木質バイオマスボイラー普及のための地域アライアンスについては、コレクティブ・インパクト（Collective Impact）の視点から考察が行われた。

さらに第3章4節では、米国、インドネシアに次ぐポテンシャル量を有しているわが国の地熱発電について、特に地熱で発生する熱を地場産業で利活用している秋田県湯沢市の事例が紹介された。

(2)　中小製造業の脱炭素市場への対応状況

第４章では、中小製造業の脱炭素市場を、再エネ機器市場と新エネ・省エネ機器等市場の２つに大別した上で、機械振興協会経済研究所が実施したアンケート調査結果に基づいて報告が行われた。まず、中小製造業の再エネ機器市場への参入状況については、以下のような傾向が示された。すなわち、①参入に対しては、全体的に消極的な傾向が顕著であること、②その最大の理由は、自社の経営資源の不足にあること、以上である。また、当該分野で中小製造業が販売・受注拡大を実現するために必要な支援・施策に関する自由記述回答結果について、共起ネットワークによって分析したところ、次の９項目が抽出された。すなわち、①研究·開発を後押しする施策、②情報の開示、③規制緩和、④市場の整備・拡充、⑤中小企業の情報不足解消、⑥参入のための助成、⑦市場情報の提供、⑧設備導入・拡充への支援、⑨コストや採算性に関する情報の提供、以上である。

次に、中小製造業の新エネ・省エネ機器等市場への参入状況については、全体的に前述の再エネ機器市場よりも積極的な対応が確認され、具体的には、次のような傾向が示された。すなわち、①「省資源化・再資源化市場」に対しては３割以上の企業が参入を開始あるいは検討していること、②「省エネ機器市場」に対しても２割以上の企業が参入を開始あるいは検討していること、以上である。なお、「省資源化・再資源化市場」や「省エネ機器市場」への参入比率が相対的に高くなっている理由については、製造業全体の環境経営への取り組みや自動車分野及び家電分野におけるリサイクル法への対応の一環として、以前から当該市場が中小製造業にとって重要な市場として認識されていたためと考えられる。また、中小製造業が脱炭素社会に対応した製品・部品等を開発・製品化するために必要な支援・施策に関する自由記述回答結果について共起ネットワークで分析したところ、次の７項目が抽出された。すなわち、①省エネ導入に対する支援、②開発リスクの大きさをカバーする制度的支援、③単体で支援を受けることが難しい中小企業を対象とした共同開発への支援、④開発のための費用補助、⑤再生エネルギーを用いた電力のコストダウン、⑥大学等が保有するシーズと産業界のニーズとのマッチング、⑦具体的な情報提供、である。

(3) 太陽光発電機器と省資源化・再資源化市場

ところで、第2章第4節で取り上げた福岡県みやま市の事例では、太陽光発電事業を含む地域の活動体が紹介された。そして、第2章第5節のエネルギーの地産地消に関する経営戦略論的考察部分では、急速に普及した太陽光発電機器の問題点が指摘されたが、この太陽光発電と関連して今後新たな市場として期待されるのが、省資源化・再資源化市場である。既に第4章の図4.71で示したように、太陽光発電機器のセカンダリー市場の一種として、太陽光パネルに使用されているガラスや電子部品等の資源は、省資源化・再資源化市場として成長する潜在的可能性を有しているものと推察される。2012年に導入されたFIT制度から10年以上が立ち、再生エネ機器の普及やその市場が折り返し点にある現在、太陽光パネルに使用されている部材を省資源化・再資源化市場として捉える動きは、既に大手メーカーや商社で出始めている。各地域の中小製造業においても当該市場に参入できるための情報提供や支援・施策が必要であると考えられる。

(4) 再エネ機器と定置型蓄電池の融合

さらに、今後予想される脱炭素市場として、再エネ機器と蓄電池の関係を指摘することができる。これも既に第4章の図4.71に示したとおりであるが、特に地産地消型再エネ機器で発生した電力を地域内に安定的に供給するためには、定置型蓄電池の普及が不可欠である。これは洋上風力やメガソーラーといった大規模集中型電源においても同様であるが、分散型電源である小水力発電やバイオマス発電では、定置型蓄電池の装備はより重要である。なぜならば、小水力発電やバイオマス発電は、災害時の緊急電源として活用できる可能性を持っているからである。毎年のように台風や地震といった自然災害に見舞われるわが国において、定置型蓄電池の製品開発及び全国への普及は、地域の防災及び地域の活動体のBCP（事業継続計画）の観点からも早急に取り組むべき課題であると言えよう。

(5)　中小製造業の脱炭素経営の本質的課題

一方、第4章では、中小製造業自身の脱炭素経営への取り組み状況と課題についても検討した。その結果、中小製造業の脱炭素経営の課題については、①CO_2削減のための設備投資や節電、②設備投資に向けた資金確保、③太陽光発電、④製品開発への参画や加工技術の向上を伴うEVの普及、⑤LPGから他のエネルギーへの代替、⑥脱炭素に向けた経営・製品の確立、⑦脱炭素を可能にする加工方法の改良、以上の7項目が抽出された。またこれらの分析結果に基づいて中小製造業における脱炭素経営の本質的課題について検討した結果、以下の4点が指摘された。第一に、工場内の設備投資にかかるコスト・資金問題、第二に、製造・生産に必要なエネルギー問題、第三に、加工方法の改良といった技術問題、第四に、輸送時のCO_2削減といった物流問題、以上である。しかしながら、これらの本質的課題の殆どは中小製造業単独で解決できる課題ではない。故に個々の中小製造業への支援策を充実させるのみならず、今後は国全体で脱炭素社会に向けてハード・ソフト両面から大規模なインフラ投資を行うことが不可欠であると言える。

5.4　地産地消型再エネ機器による地域イノベーションに向けて

国立社会保障・人口問題研究所が2023年12月22日に公表した「日本の地域別将来推計人口（令和5年推計）」によれば、2020年と比較し2050年の総人口が30%以上減少する県が11県あり、25県では2050年に65歳以上人口が40%を超えるといった推計がなされた。この推計のとおり、今後、わが国では地方地域を中心に少子高齢化が加速することから、人口減少社会を想定した地域政策を真剣に考えなければならない。若年層が減り高齢者が増加する各自治体が持続可能な財源を確保するためには、今までどおりの公共事業や企業・工場の誘致といった手法だけでなく、各自治体独自の公共型のビジネスモデルをそれぞれの地域資源の特質に合わせて構築する必要がある。これまで本書で検討してきた地産地消型再エネ機器を軸にした地域産業イノベーションは、まさにその手法の１つであると言えよう。

ところで、65歳以上を高齢者や非生産人口とみなす考え方も日本では見直す時期に差し掛かっていると言えよう。国連と長寿国日本の「高齢者の定義」が異なっていても良いはずである。現に60歳定年制を65歳に、あるいは70歳に引き上げる企業も出始めている。その意味では、上記の推計結果をペシミスティック（悲観的）に捉えるべきではない。しかしながら、地方の市町村で加速する人口減少は各地域の経済活動に影響を与えることも事実であろう[117]。故に、地産地消型再エネ機器を軸に「人口減少が進む中、如何にして地域ビジネスで稼ぐか」といった発想の転換が必要である。本書で紹介したドイツのシュタットベルケはその典型的なモデルであるが、このモデルをそのまま日本に導入することは困難である。先述したような、地域エネルギーを中心とした公共インフラの充実・整備（ドイツ）と、地域産業振興（日本）という、地域政策の目的の違いに加え、地域イノベーションのあり方は、それぞれの国の地域社会に生きる人々のライフスタイル、宗教、文化、歴史と連動しているからである[118]。

だが、本書で紹介した先進事例の中でも、特に長野県の飯田モデルは、人口減少社会にある地方自治にとって１つの曙光、明るい兆しであるとも言えよう。そして、このモデルを実現する基盤となっているのが、公民館の機能であった。換言すると、それはソーシャル・キャピタル（社会関係資本）の活用であった。

117）国単位と地方自治体単位では発生する現象は異なるものと考えられるが、国の経済成長率に影響を与えるのは人口というよりもイノベーションであるといった指摘は大いに参考にすべき見解である。詳細については、吉川（2016）を参照のこと。

118）例えば、ドイツには各村々にフェアアイン（Verein）と呼ばれる様々な趣味のサークルが存在し、地域の強い絆を生み出すことでエネルギー自治の形成に役立っている。詳細については、保坂（2022）pp.149-165を参照。

実は地方自治体、特に小規模な市町村には、このソーシャル・キャピタルを維持・醸成できる可能性が大都市圏よりも相対的に高いといった優位性がある。地産地消型再エネ機器にはその地域に根差したエネルギー資源（電気や熱）の活用が不可欠である。だが、それを軸にエネルギー自治を実現するためには、特定の企業や公的機関の力だけに依存するのではなく、地域住民が主体的にエネルギー自治の運営に参加しなければならない。その下地をつくるのが、その地域のソーシャル・キャピタルなのである。今後、しばらくの間は、それを実践する各活動体のメンバーの殆どは「高齢者」と呼ばれる人々かも知れない。しかし、地域ビジネスで稼げる仕組みをつくることができれば、その地域を若者にとっても魅力的な環境に変貌させることも期待できる。哲学者アランの言葉に「悲観主義は気分に属し、楽観主義は意志に属する」という言葉がある。また、坂村真民の詩に「念ずれば花ひらく」という言葉がある。少子高齢社会、人口減少社会をオプティミスティック（楽観的）に捉えながら、自分たちの地域の未来の姿を想像するところから、地域イノベーションは始まるのである。

参考文献

機械振興協会経済研究所（2022）『脱炭素社会に向けた国内産業集積の発展戦略―再生可能エネルギー分野への中小製造業の参入状況を中心に―』。

機械振興協会経済研究所（2023）『脱炭素社会における地域産業の再構築―先進地域及び中小企業等の取り組みに基づいて―』。

北嶋守（2022）「日本の水力発電黎明期における知のネットワーク―先駆者たちの強い探求心と旺盛な起業家精神―」『機械経済研究』53：1-20。

中小企業研究センター（2023）『中小企業の知的財産戦略に関する調査研究―イノベーション・エコシステムの構築に注目して―』。

保坂稔（2022）『再生可能エネルギーを活用したドイツの地方創生とその理念―バイオエネルギー村における「価値創造」』新泉社。

吉川洋（2016）『人口と日本経済―長寿、イノベーション、経済成長―』中央公論新社。

Kramer, Mark R., and Marc W. Pfitzer. (2016), “The Ecosystem of Shared Value”, *Harvard Business Review,* October: 80-89。

Porter, Michael E., and Mark R. Kramer. (2011), “Creating Shared Value”, *Harvard Business Review,* January-February: 2-17。

あとがき

本書の編集が佳境に入った2024年1月1日の夕刻、能登地方で最大震度7の地震が発生し、輪島市、珠洲市をはじめとする石川県北部地域及び沿岸部は壊滅的な被害に見舞われ、石川県内では200名以上の方々が亡くなられた。また、住み慣れた家を失い1万5千人以上の方々が不自由な避難所生活を余儀なくされた。

亡くなられた方々に心から哀悼の意を表するとともに、被災された方々が一日も早く元の生活を取り戻すことができることを祈るばかりである。

この能登半島地震では、長期間にわたり水道、ガス、電気といった生活インフラが停止状態に陥ったことから、私たちは改めて自然災害の恐ろしさを痛感するとともに、エネルギー自治の重要性を再認識することとなった。

本書で取り上げた小水力発電、バイオマス発電、バイオマスボイラーといった地産地消型再エネ機器は、災害時の緊急電源や緊急熱源としても利用できる可能性を持っている。もちろん大規模で広範囲にわたる自然災害では、当然のことながら小規模な地産地消型再エネ機器も被害を受け使用できない状態に陥るだろう。しかし、それらが各地に分散していれば、被害を免れた再エネ機器のいくつかは災害時に利用することができるだろう。小規模分散型のエネルギーシステムは、まさに災害時における「リスク分散」を意味している。

地産地消型再エネ機器の全国への普及とそれを活かした地域産業振興策は、脱炭素社会の中で地域イノベーションを実現するための方法であると同時に、地域防災の面でも役立つものと言えよう。本書がそうした観点も含めて日本各地の地域再生のための一助になることを願ってやまない。

令和6年早春

編著者一同

編著者略歴

【編著者】

北嶋《きたじま》　守《まもる》（担当：はしがき、序章、第1章、第2章第1節、第2節、第3節、第3章第3節、第4章、第5章、あとがき）

1959年生まれ。機械振興協会執行理事兼経済研究所所長代理。駒澤大学大学院人文科学研究科博士後期課程単位取得満期退学。同研究所研究員、研究主幹等を経て現職。明治大学政治経済学部兼任講師。学術博士（東京大学）。主な著書に『地域からの経済再生』（共著）（中小企業研究奨励賞準賞受賞）、『事例に学ぶ地域雇用再生』（共著）、『地域産業のイノベーションシステム』（共著）、『ヘルスケア産業クラスター形成の日本的特質』（単著）

髙橋《たかはし》美《み》樹《き》（担当：はしがき、第5章、あとがき）

1962年生まれ。慶應義塾大学商学部教授。慶應義塾大学大学院商学研究科博士後期課程単位取得満期退学。同大学助手、助教授を経て現職。この間、米国カリフォルニア大学バークレー校東アジア研究所客員研究員。主な著書に『中小企業研究の新地平』（共著）、『深化する中小企業研究』（共著）、『日本の中小企業研究2000～2009』（編著）、『中小企業のイノベーションと新事業創出』（共著）、『イノベーションと事業再構築』（共著）

【著者】

兼村《かねむら》智《とも》也《や》（担当：第3章第1節、あとがき）

1962年生まれ。松本大学大学院総合経営研究科教授。民間シンクタンク、同大学准教授、教授を経て現職。早稲田大学大学院アジア太平洋研究科博士後期課程修了。学術博士（早稲田大学）。機械振興協会経済研究所特任フェロー。長野県立大学グローバルマネジメント学部兼任講師。NPO法人アジア中小企業協力機構理事。主な著書に『生産技術と取引関係の国際移転』（単著）（中小企業研究奨励賞準賞受賞）、『日本自動車産業グローバル化の新段階と自動車部品・関連中小企業』（共著）

近藤信一《こんどうしんいち》（担当：第2章第4節、第5節、あとがき）

1974年生まれ。岩手県立大学総合政策学部教授。早稲田大学大学院アジア太平洋研究科博士後期課程単位取得満期退学。岩手県立大学専任講師、准教授を経て現職。機械振興協会経済研究所特任フェロー。二松学舎大学国際政治経済学部兼任講師。国際関係学修士（立命館大学）。主な著書に『現代日本企業のイノベーションⅠ　日本企業のものづくり革新』（共著）、『産業クラスター戦略による地域創造の新潮流』（共著）、『新型コロナウイルス感染症と中小企業』（共著）

山本匡毅《やまもとまさき》（担当：第3章第2節、第4節、あとがき）

1976年生まれ。成城大学社会イノベーション学部教授。中央大学大学院経済学研究科博士後期課程修了。行政系シンクタンク、山形大学、相模女子大学、高崎経済大学を経て現職。機械振興協会経済研究所特任フェロー。経済学博士（中央大学）。主な著書に『日本経済地理読本（第10版）』（共著）、『図説 日本の都市問題』（共著）、『地域政策【第2版】』（共著）、『地域産業のイノベーションシステム』（共著）

2024 年 5 月 30 日　第 1 刷発行

脱炭素社会の地域イノベーション
—地産地消型再エネ機器による地域再生—

編 著 者　北　嶋　　　守
　　　　　髙　橋　美　樹
著　　者　兼　村　智　也
　　　　　近　藤　信　一
　　　　　山　本　匡　毅
発 行 者　脇　坂　康　弘

発行所　株式会社 同友館

〒113-0033 東京都文京区本郷 2-29-1
TEL. 03 (3813) 3966
FAX. 03 (3818) 2774
URL　https://www.doyukan.co.jp/

落丁・乱丁本はお取替えいたします。
三美印刷／松村製本所
ISBN 978-4-496-05707-6
Printed in Japan